浑河中游水污染控制与水环境综合整治技术丛书

农副产品加工园区废水处理与资源化利用技术

陈晓东 张 华 张 帆 等 编著

U0348885

科 学 出 版 社

北 京

内 容 简 介

本书从农副产品加工行业废水处理的急迫需要出发，综述农副产品加工行业废水处理技术研究及应用。以农副产品加工产业集聚区——沈阳辉山农副产品加工园区为样本，对园区典型企业生产与污水处理状况进行调查，明晰废水污染特征、处理工艺及效果，以沈阳福润肉类加工有限公司为例介绍污水资源化技术研发与应用效果，并提出园区废水资源化利用对策。

本书可供环境科学与工程、环境管理等领域的技术人员、科研人员参考，也可供环境管理部门干部、高等院校相关专业师生参阅。

图书在版编目（CIP）数据

农副产品加工园区废水处理与资源化利用技术 / 陈晓东等编著. —北京：科学出版社，2019.4

（浑河中游水污染控制与水环境综合整治技术丛书）

ISBN 978-7-03-060897-0

Ⅰ. ①农⋯ Ⅱ. ①陈⋯ Ⅲ. ①农副产品－加工厂－废水处理 ②农副产品－加工厂－废水综合利用 Ⅳ. ①X712.031

中国版本图书馆 CIP 数据核字（2019）第 050411 号

责任编辑：王喜军 李丽娇 / 责任校对：樊雅琼
责任印制：吴兆东 / 封面设计：壹选文化

科 学 出 版 社 出版
北京东黄城根北街 16 号
邮政编码：100717
http://www.sciencep.com

北京建宏印刷有限公司 印刷
科学出版社发行 各地新华书店经销

*

2019 年 4 月第 一 版 开本：720 × 1000 1/16
2019 年 4 月第一次印刷 印张：10 3/4 插页：3
字数：215 000
定价：98.00 元
（如有印装质量问题，我社负责调换）

作者名单

陈晓东　张　华　张　帆
许　翼　李子音　袁英兰
李雄勇　冯晓宇　姜春红
孙　莹

前　言

改革开放以来，我国的农副产品加工业一直保持着快速发展的势头，已经成为产业关联度高、行业覆盖面广、带动作用强的基础性、支柱性产业，产业集聚发展势头良好。然而，集聚区域废水的产生与排放会使当地工业废水结构发生较大变化，若未能有效处理将对受纳水体造成新的污染。因此，重视与加强农副产品加工园区污水源头控制、资源化利用，提高污水回用率，对于改善园区周边水环境，以及促进园区绿色发展具有重要作用。

本书依托国家"十二五"重大水专项"浑河中游水污染控制与水环境综合整治技术集成与示范"的部分成果，系统分析了农副产品加工行业发展现状及相关废水处理技术的研究和应用。以沈阳辉山农副产品加工园区为研究对象，作者详细调查了园区的企业构成及污水处理设施建设和运行情况，并针对园区企业废水的深度处理需求，研发了 HVCW 深度处理技术，使出水水质满足景观补水、绿化、冲洗等资源化利用要求。同时，结合园区企业的用水特点和外部水体环境，构建了"大-中-小"三个循环相衔接的园区污水处理与回用模式，并提出了园区水污染控制管理对策。

本书共分 7 章：第 1 章，农副产品加工业发展概况；第 2 章，农副产品加工废水处理技术研究；第 3 章，农副产品加工废水处理技术应用；第 4 章，沈阳辉山农副产品加工园区概况；第 5 章，园区典型企业生产与污水处理概况；第 6 章，典型废水资源化技术研发与应用；第 7 章，农副产品加工园区废水资源化利用策略。

本书涉及的研究是由沈阳环境科学研究院水环境研究中心研究人员集体完成的，在编著过程中得到了很多专家和相关领导的关心、大力支持和指导。另外，本书引用了一些国内外科研人员公开发表的文献资料，在此一并表示感谢！

本书研究成果是在"十二五"国家科技重大水专项课题"浑河中游水污染控制与水环境综合整治技术集成与示范"（2012ZX07202-005）的资助下获得的。

由于作者水平有限，本书难免存在不妥之处，敬请读者批评指正。

作　者

2019 年 1 月

目　　录

第1章 农副产品加工业发展概况

农副产品加工是指对种植业、林业、畜牧业、水产养殖业等生产的产品及其物料进行加工或制作。农业的产物可分为三大类：①被人类直接利用或稍微加工即可利用的、经济价值较高的农产品，如作物，果树的茎、叶、籽粒、果实，家畜、家禽的肉、蛋、奶等；②经济价值稍次的副产品，如作物的秸秆、动物的内脏和骨骼等；③农业废弃物，如动物的粪便和残体、某些枯枝烂叶等。随着科学的发展，三类农业生产产物中的绝大部分都能加工成经济价值较高的、可利用的产品。因此，近年来农业科学工作者把农业生产中所有的产物统称为农副产品或农业物料。

1.1 农副产品加工业分类

根据加工对象，农副产品加工可分为植物类加工（包括粮食加工、饲料加工、种子加工、果品加工、蔬菜加工等）、动物类加工（包括油脂加工、海产品加工等）和微生物加工（包括酿造发酵、菇类加工等）。根据加工工艺，农副产品加工可分为机械加工（脱壳、制粉、榨油、去皮、去骨、切块等）、物理加工（烘干、脱水、膨化、冷冻、雾化等）、化学加工（脱毒、干馏、浸取等）和生物加工（酿造、发酵等）（尹雷伟，2014）。参照《国民经济行业分类》（GB/T 4754—2017），农副产品加工属于制造业（门类 C）范畴，主要涉及的大类包括：农副食品加工业，食品制造业，酒、饮料和精制茶制造业，烟草制品业，纺织业，皮革、毛皮、羽毛及其制品业和制鞋业，木材加工和木、竹、藤、棕、草制品业，家具制造业，造纸和纸制品业，医药制造业、橡胶和塑料制品业等。

1.2 农副产品加工业发展状况

随着经济社会的不断发展，居民可支配收入逐年递增，人们对农副产品的需求开始从"有"向"优"转变。"种类齐全、品质优良、绿色健康"，这些新消费理念的形成，促使农副产品加工行业不断扩大规模、自我提升。2003～2014年，我国规模以上农副产品加工业主营业务收入年均增长19.4%,总量迅速扩大。山东、江苏、浙江等地大力推进"腾笼换鸟、机器换人、空间换地、电商换市"工作，行业转型升级步伐加快。随着政策推动、市场引导，我国各地逐渐形成了湖南辣味、福建膨化、四川豆制品等区域集中区，产业呈现集聚发展。

我国的农副产品加工业虽然已经取得长足发展，但与发达国家相比，仍处于初级发展阶段。企业多以初加工为主，增值效应较低，且加工副产物综合利用不足，资源浪费严重；行业整体加工装备水平不足，高素质专业人才缺乏，质量监管体系不健全。这些也是现阶段我国农民增产不增收、农业产业化进程缓慢的问题所在。当前，农副产品加工业已经成为稳增长、调结构、惠民生的主要力量。今后一段时间，有必要从战略高度和全局观念深化认识，优化政策扶持，强化人才支撑，完善组织管理，引导转型升级，促进我国农副产品加工业持续稳定健康发展（农业部农产品加工局，2015）。

1.3　农副产品加工业主要产业政策

2011 年 4 月，农业部发布《农产品加工业"十二五"发展规划》提出，大力推进农产品产地初加工，引导农产品加工企业向产区延伸，促进农产品就地加工转化，加快形成产地初加工与精深加工分工合理、优势互补、协调发展的格局；做大做强农产品加工领军企业，支持领军企业与上下游企业组成战略同盟，实现优势互补、做大做强；大力加强专用原料基地建设，到 2013 年在全国培育 130 个优势明显、具有区域特色、示范带动作用大的农产品加工专用原料基地，为农产品加工业健康发展提供可靠的原料保障；积极推动产品加工标准化体系建设。

2011 年 12 月，国家发展和改革委员会、工业和信息化部发布的《食品工业"十二五"发展规划》提出，继续发挥中央和地方财政对食品工业的引导和支持作用，支持关键技术创新与产业化、食品及饲料安全检（监）测能力建设、食品加工产业集群以及自主品牌建设等重点项目建设；完善农业结构调整资金、农业综合开发、中小企业发展专项资金等资金投向和项目选择协调机制。到 2015 年，食品工业总产值达到 12.3 万亿元，增长 100%，年均增长 15%。2013 年 6 月，农业部办公厅发布《2014—2018 年农产品加工（农业行业）标准体系建设规划》，加快农产品加工标准体系建设，切实解决农产品加工相关标准缺失、滞后的问题，推动农产品加工业的快速健康发展。2014 年 1 月，农产品加工局在 2014 年工作要点中提出，努力促进农产品加工业由规模数量扩张向质量提升和结构优化方向转变，由资源简单消耗向技术升级和品牌战略方向转变，由分散无序发展向产业化和集聚区方向转变，大力推进我国农产品加工业持续健康发展，具体将围绕落实完善扶持政策、推进推广科技创新、推进人才队伍建设和提升公共服务水平等方面开展工作。

1.4　农副产品加工业产生的环境问题

农副产品加工业不仅应追求最佳经济效益，还应注意资源优化配置，永续利用、循环再生，与农业生态保护和建设结合起来，实现农副产品加工业可持续发展。但资金、技术的不足和环境意识欠缺，部分农副产品加工企业片面追求短期效益，在生产过程中产生的废水、废气、固体废弃物及噪声等环境污染未经有效治理，致使环境问题日趋突出。

1. 废水污染

农副产品加工企业废水排放总量少，但是由于其行业的特殊性，废水中的氨氮（NH_4^+-N）、有机物、悬浮物（suspended solids，SS）含量高，再加上部分农副产品加工企业利润普遍偏低的特点，致使大量加工废水未经处理直接排放。例如，一个中等规模的肉类食品加工厂，每生产 1t 产品所排放的废水量为 20～40t，其中化学需氧量（chemical oxygen demand，COD）达 900～6000mg/L，五日生化需氧量（biochemical oxygen demand，BOD_5）达 500～3000mg/L。一个以玉米为原料的淀粉厂，每生产 1t 淀粉排放 10～20t 废水，其中 SS 为 2500～13000mg/L，BOD_5 为 1100～1600mg/L，NH_4^+-N 为 90～250mg/L（肖春玲和李青萍，2007）。如果这些废水未经有效处理排入江河湖泊，则将导致水中溶解氧降低、水质发臭、鱼虾等水生生物死亡。

2. 废气污染

农副产品加工产生的废气主要是生产工艺过程中加热、燃烧环节所产生的各类污染物。这类气体如果未经有效处理任意排放，则会对农作物、土壤造成危害。大气颗粒物沉降到农作物叶面，会抑制植物的光合作用，使作物产量下降、品质降低。

3. 固体废弃物污染

农副产品加工过程产生的固体废弃物，比如果屑、蔗渣等，多是有机废弃物，如果不能综合利用，就会因大量堆放占用农田、耕地。处置不当还会发生厌氧发酵，产生恶臭气体，影响周围环境，甚至被雨水淋溶、侵蚀而影响地下水水质。

4. 噪声污染

农副产品加工过程产生的噪声也是一个不容忽视的问题，特别是在粉碎、锯割等过程中产生的噪声和振动，对周围居民正常工作、生活会产生很大影响。

1.5　相关污（废）水处理国家政策、标准、规范一览

《中华人民共和国环境保护法》；

《中华人民共和国水污染防治法》；

《中华人民共和国海洋环境保护法》；

《国务院关于落实科学发展观加强环境保护的决定》；

《国务院关于编制全国主体功能区规划的意见》；

《水污染防治行动计划》；

《"十三五"生态环境保护规划》；

《全国农产品加工业与农村一二三产业融合发展规划（2016—2020 年）》；

《关于进一步促进农产品加工业发展的意见》（国办发〔2016〕93 号）；

《关于促进食品工业健康发展的指导意见》（发改产业〔2017〕19 号）；

《污水综合排放标准》（GB 8978—1996）；

《城镇污水处理厂污染物排放标准》（GB 18918—2002）；

《制糖工业水污染物排放标准》（GB 21909—2008）；

《肉类加工工业水污染物排放标准》（GB 13457—1992）；

《淀粉工业水污染物排放标准》（GB 25461—2010）；

《味精工业污染物排放标准》（GB 19431—2004）；

《酵母工业水污染物排放标准》（GB 25462—2010）；

《柠檬酸工业水污染物排放标准》（GB 19430—2013）；

《发酵酒精和白酒工业水污染物排放标准》（GB 27631—2011）；

《啤酒工业污染物排放标准》（GB 19821—2005）；

《纺织染整工业水污染物排放标准》（GB 4287—2012）；

《毛纺工业水污染物排放标准》（GB 28937—2012）；

《麻纺工业水污染物排放标准》（GB 28938—2012）；

《缫丝工业水污染物排放标准》（GB 28936—2012）；

《制革及毛皮加工工业水污染物排放标准》（GB 30486—2013）；

《羽绒工业水污染物排放标准》（GB 21901—2008）；

《制浆造纸工业水污染物排放标准》（GB 3544—2008）；

《中药类制药工业水污染物排放标准》（GB 21906—2008）；

《橡胶制品工业污染物排放标准》（GB 27632—2011）；

《含油污水处理工程技术规范》（HJ 580—2010）；

《制糖废水治理工程技术规范》（HJ 2018—2012）；

《屠宰与肉类加工废水治理工程技术规范》（HJ 2004—2010）；

《淀粉废水治理工程技术规范》（HJ 2043—2014）；

《味精工业废水治理工程技术规范》（HJ 2030—2013）；

《酿造工业废水治理工程技术规范》（HJ 575—2010）；

《饮料制造废水治理工程技术规范》（HJ 2048—2015）；

《纺织染整工业废水治理工程技术规范》（HJ 471—2009）；

《制革及毛皮加工废水治理工程技术规范》（HJ 2003—2010）；

《制浆造纸废水治理工程技术规范》（HJ 2011—2012）。

第2章 农副产品加工废水处理技术研究

2.1 农副食品加工业

2.1.1 植物油加工废水

植物油脂是一类广泛存在于植物体内的天然来源碳氢化合物，是从植物的分泌物、果实、种子、胚芽中得到的油脂，如松脂、花生油、豆油、玉米油等。植物油脂的生产多经清理除杂、脱壳、破碎、软化、轧坯、挤压膨化等预处理，再采用蒸馏、机械压榨或溶剂浸出法提取获得粗油，再经精炼后获得。

植物油厂在油脂生产加工过程中会产生一定量的工业废水，主要包括浸出车间的蒸煮废水、精炼车间的水洗废水、蒸汽喷射装置冷凝器排出的工艺废水，同时还会产生一定量的清洗废水。植物油厂废水属于有机废水，以含油有机物为主，还含有少量的蛋白质胶体、色素、无机盐及微量的烷烃、环烷烃、烯烃及芳香族化合物。因此，对植物油加工废水处理方法的研究与探讨，多集中在既要去除废水中的大量油类，又要去除水中溶解的有机物、悬浮物、氨氮、磷酸盐等。

常用含油废水的预处理除油方法包括隔油、气浮、粗粒化、混凝、膜分离等，当废水油含量小于 30mg/L 后，再进入后续生物处理以削减剩余油脂与其他污染物的含量（表2-1）。

表 2-1 常用预处理除油方法及特点

工艺	常用形式	处理对象	基本原理	目标油滴粒径	备注
隔油	平流式隔油	分散油	油水密度差异	≥150μm	对乳化油的处理效果相对较差
	斜板隔油			>80μm	
气浮	溶气气浮	分散油、乳化油	微气泡对颗粒油滴的黏附	>0.05μm	进水含油量需小于100mg/L；常伴有药剂投加
粗粒化	粗粒化聚结器	分散油、乳化油	聚结材料对油水两相亲和力的差异	5～10μm	对1～2μm的油滴有最佳分离效果；常设在重力除油工艺之前
混凝	机械搅拌、管道混合等	乳化油	通过压缩双电层、吸附桥连、网罗卷带等方式破乳	—	需控制pH、搅拌时间与强度等
膜分离	无机陶瓷膜	分散油、乳化油	物理隔离	与膜孔径相适宜	需综合考虑膜通量、油截留率

1. 气浮法

气浮法是向废水中通入空气,利用油珠黏附于高度分散的微气泡后使浮力增大,进而上浮速度提高近千倍,因此油水分离效率很高。

目前,气浮法的研究主要集中在装置的改进和工艺的优化组合方面。Hami等(2007)在中试规模的实验中考察了粉末活性炭(activated carbon,AC)对溶气气浮单元的影响,实验结果显示,当进水 COD、BOD_5 浓度分别为 198mg/L、95mg/L,活性炭投加量为 50～150mg/L 时,COD 去除率从 16%～64%提高到 72%～92.5%,BOD_5 去除率从 27%～70%提高到 76%～94%。此外,有研究将气浮法与磁分离工艺组合处理含油废水,杨瑞洪等(2011)采用气浮-磁分离工艺处理某石化企业含油废水,气浮单元作为预处理用于去除分散油和部分乳化油,磁分离单元作为深度处理去除乳化油和部分溶解油,结果显示,此种方法除油率提高、除油效果稳定。

2. 膜分离法

膜分离法应用于处理含油废水的研究始于 20 世纪 70 年代,该方法具有占地面积少、无需化学添加物、分离效率高、自动化控制程度高等优点。

刘梅荣等(2001)用无机膜处理洗涤废水,渗透液平均通量大于 $200L/(m^2 \cdot h)$,油截留率大于 98%,COD 去除率达 80%以上,而且运行成本比较低,经济性优于其他化学处理法。俞晓丽等(2010)通过研究两种无机陶瓷膜(氧化锆膜和氧化铝膜)对植物油废水的处理效果发现,孔径对膜通量和油截留率的影响大于膜材质的影响;相同孔径的陶瓷膜,氧化锆膜比氧化铝膜具有更高的渗透通量;综合考虑膜通量和油截留率,选取孔径为 0.2μm 的氧化锆膜处理植物油废水最为合适;另外,油质量浓度增高及油滴减小均会导致膜通量下降。

3. 吸附法

吸附法是利用吸附剂的多孔性和比表面积大的特点,将废水中的溶解油及其他溶解性有机物吸附于表面,从而达到油水分离的目的。吸附剂一般分为炭质吸附剂、无机吸附剂和有机吸附剂。常用的有活性炭、活化矾土、泥灰、聚乙烯等,其中活性炭使用范围最广、吸附能力强,但其成本高、再生困难、吸附量有限,目前的研究重点是开发高效、经济的吸附剂。

吴海艳等(2017)利用微波辅助盐酸改性滑石,增大滑石的比表面积,并使其表面裸露更多的活性基团 Si—O^-,以此增强了其对油脂的吸附能力。改性滑石在中性、投加量 7g/L 的条件下吸油效果最佳。25℃时最大吸附量为 3.92mg/g。吸附树脂是近年来发展起来的一种新型有机吸附材料,吸附性能良好,易于再生重复使用,更加经济、高效的特点使其具有被广泛应用的潜力。

4. 生化法及组合工艺

生化法处理废水是利用微生物的代谢作用，使水中呈溶解、胶体状态的有机污染物质转化为稳定的无害物质。

贺延龄（1998）采用预处理-升流式厌氧污泥床（upflow anaerobic sludge bed，UASB）工艺处理福州市某油脂化工厂废水，UASB 反应器容积为 $2m^3$，反应温度为 30～35℃，容积负荷达 8～10kg COD/(m³·d)，该工程对油脂废水 COD 去除率为 85%～95%。聂丽君等（2014a）采用"铁碳微电解-混凝沉淀-生物滤池组合工艺"对松节油加工企业隔油后出水进行处理，研究发现铁碳微电解单元可将废水可生化性（BOD/COD，B/C）由 0.1 提高到 0.46，有效改善了废水的可生化性。在常温连续运行条件下，当铁屑的投加量为 100g/L，铁、碳质量比为 1∶1，聚丙烯酰胺（polyacrylamide，PAM）投加量为 8mg/L，曝气生物滤池（biological aerated filter，BAF）的溶解氧（dissolved oxygen，DO）质量浓度为 2～3mg/L 时，该工艺运行效能最佳。

2.1.2　制糖废水

制糖工业是食品行业的基础工业，又是造纸、化工、发酵、医药、建材、家具等多种产品的原料工业，在国民经济中占有重要地位。制糖废水主要来自制糖生产过程和制糖副产品综合利用过程，主要是以甜菜或甘蔗为原料的制糖过程中所排出的废水，混合了斜槽废水、榨糖废水、蒸馏废水、地面冲洗水等。制糖废水属于高浓度有机废水，色度深，COD 含量高但可生化性较好，氮、磷、钾等元素含量较高。目前制糖废水的处理技术主要包括物化法和生化法。国内外对此废水的处理常采用生化法，以及各种方法相结合的组合工艺。

1. 物化法

物化法主要用于对废水进行预处理，该方法包括：混凝沉淀、吸附、电渗析法等。近年来，高级氧化技术的应用研究为制糖废水的预处理提供了新的思路。钟福新等（2011）研究了 La/Fe 共掺杂 TiO_2 纳米管阵列（TiO_2 nanotube arrays，TNTs）对制糖废水的光催化降解效果，结果表明，光照时间和 pH 是影响 La/Fe-TNTs 光催化降解制糖废水的主要因素。在强碱性条件下，La/Fe-TNTs 对制糖废水的光催化降解效率最高，光照 20h 时可达 97%以上。孟志鹏等（2013）将 Au-TNTs 用于制糖废水的光催化降解，发现样品在强酸性条件下对废水的降解效果比在碱性条件下好，且当光照时间为 30h 时，其对制糖废水的降解率可达 89.6%。赵希锦等（2015）研究发现，芬顿（Fenton）试剂在超声协同作用下能显著提高对焦糖废水的脱色率及 COD 去除率。在超声波协同作用下，焦糖废水脱色率和 COD 去除率较仅加入等量 H_2O_2 分别提高 18%和 11%。在超声波协同作用下，当 pH 为 3、Fe^{2+} 浓度为 30mmol/L 时，脱色和 COD 去除效果最好，分别为 69.5%和 62.5%，较仅使用芬顿试剂提高了 1.0 倍和 1.4 倍。

2. 生化法及组合工艺

制糖废水含有大量生化性较好的有机物，将废水达标排放的同时回收资源也是较好的选择。赵光等（2016）以糖浆废水和牛粪为底物，以单相混合半连续发酵工艺运行，研究发现共发酵可缩短厌氧发酵系统启动时间，提高沼气产量，最大沼气产量为 1180mL/(L·d)。黄佳蕾等（2017）采用自制内循环厌氧产氢-IC（internal circulation）产甲烷-好氧生物膜组合工艺处理高浓度蜜糖废水，实验结果表明，通过优化工艺参数，在进水 COD 为 7800mg/L±100mg/L 时，整体工艺出水 COD 最低达到 81.41mg/L，达到制糖工业水污染物排放标准。此时，产氢相产氢量和产甲烷量分别为 20L/d 和 3L/d，产甲烷相产甲烷量为 69.3L/d，系统总产热量高达 99kJ/L。

2.1.3　屠宰及肉类加工废水

屠宰及肉类加工业是农副产品加工业的重要组成部分之一，该行业遍布全世界各个国家、地区，且其生产环节用水量大，产生的废水污染物浓度高，因此末端治理需得到应有的重视。屠宰场的生产工序一般是：圈养、宰前冲洗、宰杀、烫毛或剥皮剖解、取内脏、冷藏或外运。以上每一道工序几乎都要排出废水。屠宰及肉类加工废水中含有大量的血污、油脂和油块、毛、肉屑、骨屑、内脏杂物、未消化的食料和粪便等，带有令人不适的血红色和使人厌恶的血腥味，成分复杂（表 2-2），是一种典型的带菌有机废水（王允妹，2014）。

表 2-2　屠宰废水中污染物含量　　　　　　　单位：mg/L

指标	浓度范围	平均值
COD	500～15900	4221
BOD_5	150～4635	1209
TN	50～841	427
TP	25～200	50
TSS	270～6400	1164

注：TN（total nitrogen）为总氮；TP（total phosphorus）为总磷；TSS（total suspended solid）为总悬浮固体

屠宰及肉类加工废水的特点有：水质、水量变化大；废水浊度大、悬浮物浓度高，并伴有难闻的腥臭味；属于典型的高浓度有机废水，但可生化性较好；废水颜色呈红褐色，含有大量的脂肪、血液、内脏残屑、毛发和粪便等污染物，油脂含量高；含有多种危害人体健康的细菌等（贾艳萍等，2015）。

屠宰废水的处理方法与常规市政污水处理中使用的技术较为接近，基本都含有预处理、一级处理、二级处理乃至深度处理。目前研究的热点多集中在物化技术、高级氧化技术、生化技术及组合工艺等。

1. 溶气气浮技术

溶气气浮（dissolved air flotation，DAF）技术是一种固液分离技术，它通过将空气引入含有屠宰废水的容器底部，将质量较轻的固体、脂肪、油脂等携带到废水表层形成浮渣层，随后被刮板刮去以去除污染物。通过投加高分子聚合物等絮凝剂可增强 DAF 系统的效率。除脂肪、油脂上浮外，$FeCl_3$ 和 $Al_2(SO_4)_3$ 等凝血剂的投加也会促进废水中蛋白质的凝聚和沉淀。DAF 技术对 COD 和 BOD_5 的去除率一般分别为 30%～90% 和 70%～80%。此外，其对营养元素也有一定的去除效果（Al-Mutairi et al.，2008；Nardi et al.，2011）。

2. 混凝沉淀技术

混凝剂和絮凝剂的投加可以控制絮状物的形成。Amuda 和 Alade（2006）考察了投加不同混凝剂对屠宰废水的处理效果，结果发现，明矾对 TP、TSS 的去除效果较好，而 $Fe_2(SO_4)_3$ 对 COD 的去除更有效。Tariq 等（2012）考察了以石灰、明矾作为混凝剂处理屠宰废水的效果，结果发现，当单独投加明矾时，随着明矾投加量的增加，COD 最大去除率为 92%，同时污泥量也有所增加；而当单独投加石灰时，随着石灰投加量的增加，COD 最大去除率为 74%，污泥沉降性较好，产生的污泥量较明矾少。最后，研究人员将石灰和明矾按比例混合，最终达到较好的处理效果，COD 去除率为 85%，且污泥产生量相对较低。

3. 膜分离技术

近年来，膜分离技术在屠宰废水处理中越来越受到青睐。根据目标污染物尺寸的大小，可供选择的膜分离技术包括微滤（microfiltration，MF）、超滤（ultrafiltration，UF）、纳滤（nanofiltration，NF）和反渗透（reverse osmosis，RO）等。Bohdziewicz 和 Sroka（2005）研究表明，混凝-UF 组合工艺未能使出水水质达标直接排放至受纳水体的标准，而 UF-RO 组合工艺效果最优，可以使出水回用到生产环节，且其中 RO 环节的处理效率、通量与混凝-UF-RO 组合工艺 RO 环节的处理效率、通量十分相近。采用 RO 工艺处理肉类加工废水的活性污泥处理出水，结果表明，RO

进水 COD、BOD$_5$、TN、TP 分别为 76mg/L、10mg/L、13mg/L、3.6mg/L 时，对应的去除率分别为 85.8%、50%、90%、97.5%，说明 RO 技术在肉类加工废水深度处理方面效果显著。Almandoz 等（2015）采用陶瓷微滤膜处理屠宰废水，结果表明其对非溶解态物质的截留率为 100%，对微生物的截留率为 87%～99%，对总有机碳（total organic carbon，TOC）、TN、COD 的去除率分别达 44.8%、45.2%、90.6%，效果良好。

4. 高级氧化技术

紫外（ultraviolet，UV）/过氧化氢（UV/H$_2$O$_2$）技术目前应用较为广泛，该技术对污染物的氧化降解主要依赖于反应中释放的羟基自由基（·OH）。目前 UV/H$_2$O$_2$ 技术在屠宰废水处理中也发挥了较好的功效。

Barrera 等（2012）研究了短波紫外线（UV-C）和真空紫外线（VUV）对模拟屠宰废水中 TOC 的降解效果。结果发现，当选用 UV-C/H$_2$O$_2$ 和 VUV/H$_2$O$_2$ 时，H$_2$O$_2$/TOC 的最佳摩尔比分别为 1.5 和 2.5，该条件下 TOC 的降解率分别为 5.5% 和 12.2%。另外，这两个过程均可在 30s 内对微生物灭活。

Bustillolecompte 等（2013）研究发现，当采用 UV/H$_2$O$_2$ 技术、TOC 为 65mg/L 时，最佳反应条件为水力停留时间（hydraulic retention time，HRT）为 180min、H$_2$O$_2$ 投加量为 900mg/L，此时 TOC 的去除率可达 75%；H$_2$O$_2$/TOC 的最佳质量比为 14.03。此外，Bustillolecompte 等（2014）通过比较发现，当单独采用 UV/H$_2$O$_2$ 技术处理屠宰废水时，相比其他工艺其性价比较低（67 美元/kg TOC）。因此，将高级氧化技术（advanced oxidation process，AOPs）与生化技术相结合并优化各环节的停留时间才是较为适宜的技术方案。

5. 生化技术及组合工艺

组合工艺的采用有利于废水处理设施的操作运行及其经济可行。López-López 等（2010）采用厌氧滤池-好氧序批式反应器（sequncing batch reactor，SBR）系统处理屠宰废水，当厌氧滤池的有机负荷率（organic load rate，OLR）在 3.7～16.5kg/(m^3·d)范围内波动、HRT 为 72h 时，COD 的去除率达 81%；当将厌氧滤池与 SBR 耦合后，9h 内 COD 去除率超过 95%，最佳运行参数为 OLR 保持在 11kg/(m^3·d) 以内，HRT 为 24h。Bustillolecompte 等（2014，2013）考察了生化-AOPs 组合工艺对屠宰废水的处理效果和运行成本，比较发现，好氧活性污泥法（activated sludge，AS）-折流式厌氧反应器（anaerobic bafflted reactor，ABR）、ABR-AS、ABR-AS-UV/H$_2$O$_2$ 组合工艺的整体去除效率分别为 96.1%、96.4% 和 99.98%。与其他组合工艺相比，ABR-AS-UV/H$_2$O$_2$ 组合工艺经济性最优，该组合工艺在 76.5h 时 TOC 达到最大（去除率为 99%），运行成本为 6.79 美元/(m^3·d)。

2.1.4　水产品加工废水

　　水产品加工业是我国农副食品加工业的重要组成部分。随着水产品需求量的日益增加，水产品加工企业随之大量涌现。由于冷冻水产品原料带有一定量的海水，因此水产品加工废水中具有一定盐度并且盐离子种类复杂（孟祥宇等，2015）。

　　水产品加工废水的总量及浓度主要由水产品种类、使用的添加剂、工艺水源及加工工序所决定。废水的主要成分为脂类和蛋白质（表2-3）。由于水产品加工废水的特性为 COD 含量高、可生化性较好、含氮量较高，因此对水产品加工废水的研究多集中在生物法及物化-生化组合工艺（俞津津等，2011）。

表 2-3　水产品加工废水水质

加工工序	pH	COD/(mg/L)	BOD$_5$/(mg/L)	总凯氏氮/(mg/L)	油脂/(mg/L)	文献
鱼肉罐装	3.8～6.4	2900～9×10^4	1400～7.8×10^4	82～3000	1002～4000	NovaTec Consultants Inc and EVS Environmental Consultants, 1994；Prasertsan et al., 1994；Balslevolesen et al., 1990
鱼肉冷冻	6.9	1472	814	126	662	Prasertsan et al., 1994
鱼肉加工	5.8～7	326～4.70×10^4	3500～1.19×10^4	77～456	2822	Prasertsan et al., 1994；Del-Valle and Aguilera, 1990；Carawan et al., 1979；Najafpour et al., 2006
鱼肉腌制	—	5400	2300	257	—	NovaTec Consultants Inc and EVS Environmental Consultants, 1994
鱼糜加工	7.13	8439	5132	—	—	朱靖，2009

　　Achour 等（2000）使用"UASB-活性污泥组合工艺"治理金枪鱼加工废水。结果显示，厌氧处理 COD 去除率接近 50%，而产气量约为 0.25m^3/kg COD。在好氧处理单元，COD 去除率为 85%。当物理预处理、厌氧和好氧生物反应器同时运行时，系统最大 COD 去除率可达 95%。徐雪（2013）对厌氧/好氧（anoxic oxic，A/O）-膜反应器[A/O-MBR（membrane bio-reactor）]系统的运行特性及其用于水产品加工废水的处理及回用的适用性进行了研究。结果表明，在最佳条件下（HRT为 18h、污泥回流比为 400%、DO 为 3～4mg/L），系统出水 COD 浓度为 16.1～64.3mg/L、NH$_4^+$-N 浓度小于 3mg/L、TP 浓度小于 0.9mg/L。当填料填充比为 25%时，系统出水 TN 浓度小于 15mg/L，满足排放要求。另外，研究还发现采用"自来水清洗-酸洗-碱洗"的清洗方法对膜通量的恢复率可达 97.8%。高蕾（2013）采用"水解酸化-生物接触氧化工艺"对不同含盐量的水产品加工废水进行了实验研究，结果表明，含盐量与该工艺的处理效果有显著关系，根据拟合含盐量的影响

特征曲线得出，能够满足新建企业（现有企业）的 COD、NH_4^+-N 出水要求的临界含盐量分别为 7.36mg/L（11.67mg/L）、9.7mg/L（15.2mg/L）。

2.1.5　淀粉及淀粉制品制造废水

淀粉是一种重要的工业原料，广泛地应用于食品、化工、纺织、医药等多种行业。在淀粉的生产过程中，每生产 1t 淀粉就要产生 10～20m³ 废水，其主要成分为淀粉、蛋白质和糖类。这类废水若未经达标处理任意排放，不仅会严重污染环境，而且造成了资源的巨大浪费。针对淀粉废水的治理，目前的研究多集中在污染物浓度削减及废水资源化利用两方面。

1. 污染物浓度削减

淀粉废水属高浓度有机废水，可生化性较好，目前研究多采用生物法及物化-生化组合工艺进行治理，并探索最佳工艺及运行参数。

郑平等（2002）采用 UASB 进行淀粉废水处理实验，结果表明该工艺在 COD 浓度为 14.2g/L 的条件下，COD 去除率可达 90%以上，系统容积负荷高达 6.8g/(L·d)，沼气产率为 3.2L/(L·d)。王文正和张明霞（2011）采用厌氧内循环（internal circulation，IC）反应器与 MBR 联用工艺处理马铃薯淀粉生产废水，结果表明：15～25℃范围内，IC 反应器最经济有效的 HRT 为 5h，最佳 COD 负荷为 23.6kg/(m³·d)；MBR 反应器最佳 DO 为 4mg/L，最佳 HRT 为 8h；操作压力为 16.4kPa 左右时，IC-MBR 系统出水 COD 在 55mg/L 以下。黄一洲（2011）采用物化-生化组合技术处理淀粉废水，结果表明，淀粉废水经过蛋白质沉淀（调节等电点 pH 4.0）、加热搅拌（90℃，1h）、1%活性炭脱色等物理过程后，再在 pH 6.0～7.0、30℃条件下利用葡萄糖氧化酶（竹纤维布料固定）进行酶解反应 1～2d，最终糖含量降低了约 95%，COD 降低了约 85%，出水外观近透明。闫海红等（2015）采用"预处理-水解酸化-厌氧-好氧工艺"处理玉米淀粉废水，研究表明，进水有机物以芳烃、烷烯烃及杂环类物质为主，竖流沉淀预处理对 TOC、NH_4^+-N 和 TN 的去除率分别达 36.7%、31.8% 和 41.1%；经过水解酸化后，杂环类及芳烃类大分子降解成有机酸和醇类物质；后续厌氧池对废水中 TOC 平均去除率达到 97.8%；而 NH_4^+-N 的去除主要是依靠曝气池的硝化作用，去除率为 95.0%。

2. 废水资源化利用

淀粉废水主要含有淀粉、蛋白质和有机酸等有机物，若回收其中有用成分，既可获得一定的经济效益，也可有效降低废水中有机污染物浓度，减轻后续处理的负担。淀粉废水资源化的研究方向主要有回收蛋白质、生产乳酸、生产微生物油脂、生产微生物絮凝剂等。

邓述波等（1999）用微生物絮凝剂对沈阳市南塔淀粉厂的黄浆水进行处理，先加质量分数为 1% 的 $CaCl_2$ 溶液 5mL，再加 0.3mL/L 微生物絮凝剂，调节 pH 至 9～10，搅拌后沉降 5min，废水的 SS 和 COD 去除率分别为 85.5% 和 68.5%，而且沉淀出的固体可用作饲料，为企业创造经济效益。Jin 等（1999）将 100.0g/L 的 DAR2710 真菌接种于马铃薯淀粉废水中，在 35℃、起始 pH 为 4.0 条件下反应 14h，可回收蛋白质 2.07～2.39g/L，且 COD 去除率达 95%。陈钰等（2010）在操作压力为 0.1MPa、室温为 22℃、pH 为 5.8 的条件下超滤回收蛋白质，截留率高达 80.5%，COD 去除率达 58%。Huang 等（2005）利用少根根霉 DAR36017 和米根霉 *Rhizopus oryzae* DAR2062，以马铃薯淀粉废水为培养基，采用同步糖化发酵方法生产乳酸。在马铃薯淀粉质量浓度为 20g/L、pH 为 6.0、温度为 30℃时，经 36～48h 发酵，乳酸产量为 1.5～3.5g/L。王宏勋等（2007）对马铃薯淀粉废水资源化利用进行了初步研究，研究表明：刺孢小克银汉霉能利用马铃薯淀粉废水生产多不饱和脂肪酸，质量分数达到 229.7mg/L，COD 去除率达 76.3%。王有乐等（2009）用马铃薯淀粉废水培养微生物絮凝剂产生菌，不仅大大降低成本，絮凝剂产量和性能也无明显下降，经过微生物培养后的马铃薯淀粉废水 COD 去除率达 93.6%，浊度去除率达 82.9%。

2.2　食品制造业

食品工业原料广泛，制品类别繁多，排放的废水水质复杂，废水量大，处理难度大。食品行业废水主要为味精和酒精生产中的废水以及大豆、谷物、牛乳和饮料加工中的废水，最大的特点是有机物质和悬浮物含量高、易腐败、无毒性。有些食品制造企业排放的废水还有酸碱性，如柑橘罐头酸碱槽废水等。其中含有的污染物包括油脂、蛋白质、糖类、致病菌毒和氮磷化合物，易导致水体富营养化，造成水生物和鱼类的死亡，并引起水中沉积的有机物产生臭味，恶化水质，污染环境（张国宣等，2017）。

1. 物化法

絮凝法是污染物通过与絮凝剂形成聚集体产生沉降而被除去的方法。Pavónsilva 等（2009）研究了不同无机絮凝剂对焙烤工业中揉面和焙烤工序废水的澄清效果。研究表明聚合氯化铝对该废水的处理效果最好，结合物化工艺和生物处理技术，使得废水的 COD 去除率达到 98%，BOD_5 去除率达到 95%，TSS 去除率达到 99%，浊度去除率达到 98%，大肠菌群去除率达到 96%，达到回用的标准。陶涛等（2001）

研究了用微生物絮凝剂普鲁士蓝处理味精废水，其 COD 和 SS 的去除率可达到 40%左右，其浊度去除率可达 99%。另外，活性炭技术是废水除色、除味、除臭和除有机物的有效方法。俞卫华（2002）利用活性炭和硅藻土为吸附剂，对米浆废水进行澄清处理，研究表明：米浆水 pH 8.0，硅藻土 6.0g/L，活性炭 8.0g/L，处理 30min 后，废水透光率达到 85%，氨基酸、蛋白质、总糖去除率分别为 42.6%、60.0%、71.1%。

2. 膜分离技术

20 世纪 90 年代，膜分离技术在食品废水处理领域得到了广泛运用。膜分离技术包括微滤（MF）、超滤（UF）、纳滤（NF）、反渗透（RO）、频繁倒极电渗析等。Koyuncu 等（2000）研究了低压纳滤技术对牛乳废水的处理工艺。经纳滤膜处理后，牛乳废水中的 COD、电导率均降低 98%，Cr、Pb、Ni、Cd 等有毒重金属的去除率均达到 100%，废水经过二级膜处理后完全可以回用。张永锋等（2006）研究的低压纳滤膜法是以废水回用、回收废水中的营养物质为目的的乳制品工业废水处理工艺。在最佳工艺条件下，即操作压力 1.3MPa、进料流量 28L/min、pH 7.0，废水 COD 去除率达 95%以上，出水的浊度和 SS 均低于检出限。该出水可在乳制品生产过程中回用。焦光联等（2008）采用卷式超滤膜对干酪素生产废水进行了回收酪蛋白的中试实验，研究了卷式超滤膜回收工艺中的温度、压力、流速、浓度与膜通量和酪蛋白截留率之间的关系。实验证明，卷式超滤膜对干酪素生产废水中的蛋白质的截留率大于 90%，膜清洗效果好。

3. 高级氧化技术

臭氧具有较强的氧化能力，可以降解废水中的有机物并提高废水的可生化性。潘寻和胡文容（2007）研究了臭氧对柠檬酸废水的处理效果，研究表明，臭氧用量为 30mg/L、反应时间为 5min 时，废水中 COD 去除率为 18.4%，色度去除率达 73.3%。光催化氧化法是在常温常压下，利用 TiO_2、ZnO、CdS、WO_3、Fe_2O_3 等催化剂，在光照、有氧的条件下将有机污染物降解为 CO_2、H_2O 和无机离子等的方法。张会展等（2011）利用光催化氧化-UASB-A/O 组合工艺处理食品添加剂废水，研究表明，COD 去除率可以达到 99.2%，BOD_5 去除率可以达到 99.5%，NH_4^+-N 去除率达到 89.3%。许金花（2009）利用 Fenton 法对食品添加剂二级废水进行处理，研究表明，在 Fe^{2+}/H_2O_2 投加量比为 1、pH 为 4、反应时间为 60min 时，出水 COD 去除率为 83.6%。渠光华（2012）研究了超高盐榨菜废水微电解-电解预处理工艺，在原水 pH、铁水体积比 1∶1、铁炭体积比 1∶1、反应时间 30min 时，去除效果较佳，COD、NH_4^+-N、磷酸盐和 TN 去除率分别为 36%～45%、34%～42%、97%～99.9%和 34%～53%，盐度去除率为 22%～25%。

4. 生化法及组合工艺

由于食品制造废水可生化性较好，且生化或物化-生化联合处理工艺经济性较好，因此国内外对食品制造废水的生化处理研究也比较多。Leal 等（2006）研究了高油脂含量合成乳制品废水在 UASB 反应器中的处理效果，一个反应器中添加经酶水解后的废水，另一个添加原废水，结果显示，前者 COD 去除率为 90%，后者为 82%。因此对高油脂乳制品废水预处理可有效解除脂肪对厌氧处理的抑制作用，提高 COD 去除率。唐杰等（2007）采用一体式 MBR 工艺处理酱油废水，当进水 COD 为 505～1209mg/L、色度为 180～200 倍、浊度为 251～471NTU 时，MBR 工艺对 COD、色度和浊度的平均去除率分别达到 90%、79%和 98%，出水水质稳定，能达到回用目的。王苏南等（2013）采用厌氧/缺氧/好氧膜生物反应器工艺处理豆制品废水，COD、NH_4^+-N、TP 去除率分别达到 97.1%、97.9%和 93.4%。Chen 和 Liu（2011）比较原工艺 UASB/CAS 和混凝/MBR 处理乳制品废水，结果显示，混凝/MBR 工艺对浊度、COD 的去除率分别为 99.9%和 99.6%，各项指标均优于 UASB/CAS。

2.3　酒、饮料和精制茶制造业

2.3.1　酒类制造废水

酒在中国有着悠久的历史，是中国文化的一种象征，也造就了酒行业的兴旺发达。酒类产品主要包括啤酒、白酒、黄酒、葡萄酒和酒精等。酒类生产诸多环节如清洗、发酵、过滤、冷凝等均会产生大量废水。废水污染物浓度高、负荷高，若不经处理直接排放，势必会对环境造成严重危害。

国家规范对酒类废水的处理有详细规定（表 2-4），总体上建议遵循"清污分流，浓淡分家"的原则，采取"资源回收-厌氧生物处理-生物脱氮除磷处理-回用或排放"的分散与集中相结合的综合治理技术路线。因此，目前的研究也大多基于此。以玉米等谷物生产酒精所产生的酒糟、糖蜜酒精废醪液等为原料制取新型蛋白质饲料的工艺流程已被多数企业采用，该过程不仅可以减轻环境污染压力，而且可以将副产物作为资源加以利用（李红光，1995；靳秀梅，2015）。Intanoo 等（2014）利用厌氧序批式反应器（anaerobic squencing batch reactor，ASBR）处理酒精废水来制得氢气，在温度为 55℃、pH 恒定在 5.5 时，氢气产量达到最高，既净化了废水，又产生了较大的经济效益。美国 Nutrinsi 公司采用独创的 iCell 废水综合利用技术综合利用啤酒饮料废水。其中，功能微生物利用废水中的营养物质产生大量的单细胞蛋白和其他多种营养物质。随后，剩余污泥经过分离、浓缩和脱水后，迅速进行灭活和细胞破壁等 iCell 技术处理，再通过后续处理进而得到粉状的蛋白饲料。原核单细胞生物蛋白含量高达 60%，各种必需氨基酸种类齐全，含量丰富，并且各种氨基酸的比例接近联合国粮食及农业组织推荐的较理想的氨基酸组成值。除此之外，单细胞蛋白结构简单，尤其是—SH 含量很低，其营养价值优于植物蛋白，略差于动物蛋白，用作动物饲料，蛋白利用率高达 97%，远远超过豆粕和鱼粉的利用率，可以作为动物获得蛋白质的重要来源（赵维韦等，2015）。俞关松和毛青钟（2015）开展了黄酒浸米浆水作复制糟香白酒投料水的研究，实验发现米浆水营养物质丰富，适宜于酵母生长和发酵，把米浆水回用作复制糟香白酒的投料水，能够提高复制糟香白酒的产量和出酒率。

表 2-4　酒类废水的污染负荷

产品种类	废水种类	单位产品废水产生量/(m³/t)	废水中各类污染物的质量浓度						备注
			pH	COD/(mg/L)	BOD₅/(mg/L)	NH_4^+-N /(mg/L)	TN/(mg/L)	TP/(mg/L)	
啤酒	高浓度废水	0.2～0.6	4.0～5.0	2×10^4～4×10^4	9000～2.6×10^4	—	280～385	5～7	
	综合废水	4～12	5.0～6.0	1500～2500	900～1500	90～170	125～250	5～8	
白酒	高浓度废水	3～6	3.5～4.5	1×10^4～1×10^5	6000～7×10^4	—	230～1000	160～700	
	综合废水	48～63	4.0～6.0	4300～6500	2500～4000	30～45	80～150	20～120	
黄酒	高浓度废水	0.2～0.8	3.5～7.0	9000～6×10^4	8000～4×10^4	—	—	—	
	综合废水	4～14	5.0～7.5	1500～5000	1000～3500	30～35	—	—	
葡萄酒	高浓度废水	0.2～0.4	6.0～6.5	3000～5000	2000～3500	—	—	—	白兰地与其他果酒
	综合废水	4～10	6.5～7.5	1700～2200	1000～1500	10～25	—	—	
酒精	高浓度废水	7～12	3.0～4.5	7×10^4～1.5×10^5	3×10^4～6.5×10^4	80～250	1000～1×10^4	—	糖蜜为原料
	高浓度废水	2～5	3.5～5.0	3×10^4～6.5×10^4	2×10^4～4×10^4	—	2800～3200	200～500	玉米与薯类为原料
	综合废水	18～35	5.0～7.0	1.4×10^4～2.85×10^4	8000～1.7×10^4	20～36	—	—	

注：参照《酿造工业废水治理工程技术规范》（HJ 575—2010）

Parawira 等（2005）考察了采用 UASB 工艺厌氧消化啤酒废水的处理效果，在为期 2 年的生产规模试验中，反应器对 COD 的降解率为 57%，总沉淀固体和可沉淀固体去除率分别为 50% 和 90%，处理后的污水可以达到市政污水排放标准。朱文秀等（2012）对 IC 反应器处理啤酒废水的效能进行研究，35℃ 最大进水 COD 容积负荷为 20kg/(m^3·d) 时，COD 去除率可达 85% 以上。文芒（2010）结合四川省古蔺郎酒厂有限公司的实际情况，对 UASB-SBR、IC-MBR、ABR-生物接触氧化工艺对白酒废水的处理效率和运行成本进行了对比。第一方案最终出水去除率为 96.28%，占地面积为 1200m^2，总投资为 153.25 万元，年运行费用为 15.2 万元，耗电量为 11 万度（1 度 = 1kW·h）；第二方案最终出水去除率为 99.28%，占地面积为 300m^2，总投资为 355.77 万元，年运行费用为 53.1 万元，耗电量为 27 万度；第三方案最终出水去除率为 99.28%，占地面积为 500m^2，总投资为 181.49 万元，年运行费用为 20.5 万元，耗电量为 16 万度。综合考虑工艺的先进性和投资的节约性，采用第三方案处理古蔺郎酒厂有限公司白酒酿造废水。Arnaud（2009）用厌氧生物转盘处理葡萄酒废水，当温度为 20℃、COD 容积负荷为 2kg/(m^3·d) 时，COD 去除率达到 80%。

常规生物处理工艺难以去除葡萄酒废水中含有多酚类化合物。为使最终出水 COD 满足更高排放标准的要求，高级氧化技术是较为合适的技术之一。Orescanin 等（2013）采用 O_3/UV/H_2O_2 处理电氧化后的葡萄酒废水，结果显示废水中色度、浊度、SS、硫酸盐的去除率均超过 99%；Fe、Cu、氨的去除率接近 98%；COD、硫酸盐的去除率分别为 77%、62%。李金成等（2014）研究了 Fenton 试剂预处理工艺对葡萄酒废水的处理效果及其主要控制参数，结果表明，Fenton 试剂预处理对 COD 的去除率最高可达到 54%，Fenton 处理出水只检测到乙酸，进水中含有的乙酸、酒石酸等物质均未检出。采用 SBR 对预处理出水进行好氧处理时，经过 15h 的曝气，COD 可降至 40mg/L 以下，COD 总去除率为 99.7%。

应用传统好氧、厌氧处理工艺，能够达到酒类废水处理要求，处理后的废水可达到相关排放标准，但是处理成本较高，动力消耗较大。随着能源危机越来越严重，传统工艺可行性逐渐降低。采用资源回收-厌氧-好氧-深度处理等优化组合工艺处理酒类废水，具有能耗低、经济性好、节能环保等优点，正在成为我国酒类废水处理的主流工艺。

2.3.2　饮料制造废水

饮料行业是高耗水行业。饮料生产废水主要来自设备、管道内部清洗和原水制取纯水所产生的浓水，主要成分是糖、蛋白质、食品添加剂等有机污染物，一般可生化性较好。

我国软饮料制造废水治理起步较晚，20 世纪 90 年代中期才取得较大进展。

随着国家环保管理力度的加大以及软饮料制造技术的提高，一系列成熟的软饮料制造废水治理技术形成。对于饮料制造废水治理国家规范建议选用"一级处理-厌氧处理-好氧处理-深度处理"组合工艺（表 2-5）。

表 2-5　饮料制造综合废水水质

序号	饮料种类	单位产品废水产生量/(m³/t)	废水中各类污染物的浓度/(mg/L)		
			COD	BOD₅	NH₄⁺-N
1	碳酸饮料（汽水）	1.0～2.5	650～3000	320～1800	4～30
2	果汁和蔬菜汁	5～26	1700～3700	1200～2900	5～25
3	蛋白饮料	2～5	900～2000	200～1300	10～80
4	包装饮用水	6～15	<30	—	—
5	茶饮料	0.5～5	600～2500	300～1400	5～35
6	咖啡饮料	0.5～6	600～2500	300～1400	6～38
7	植物饮料	2～5	800～2200	—	5～30
8	风味饮料	2～11	800～1700	—	5～35
9	特殊用途饮料	1～10	700～2000	—	6～35
10	固体饮料	2～10.5	800～4000	400～1780	10～40

注：参照《饮料制造废水治理工程技术规范》（HJ 2048—2015）

　　邱毅军和李昌耀（2010）以浙江某饮料企业废水处理工程实例为例，介绍采用气浮-生物接触氧化工艺处理饮料废水的工程设计、调试研究，结果表明该工程对 COD、BOD₅、SS 的去除率分别为 96.59%、97.7%、96.44%，且该工艺有较大的抗水质变化能力，而且运行简单，方便管理。姜涛等（2011）以可乐废水为例研究了厌氧处理过程中有机负荷对污染物去除效果的影响，结果表明，在温度为 37℃±2℃ 的环境下，接种自柠檬酸厂 IC 反应器的颗粒污泥在新反应器（UASB）中能较快适应可乐废水，且建议 UASB 的有机负荷控制在 4.0～4.5kg/(m³·d) 范围内。由于流动床 SBR 结合了活性污泥法和生物膜法的优点，启动快、效率高、管理简单。李长江（2011）将此工艺应用于降解饮料废水，并对实验过程进行研究，结果表明，由于填料的存在，反应器中生物量、生物相均有所增加，流动床 SBR 对 COD、TN 的去除效果优于 SBR，且采用限制性曝气方式时 TN 的去除率较非限制性曝气方式高，效果较好。

2.4　烟草制品业

　　造纸法是目前各企业生产烟草薄片所广泛采用的方法，造纸法再造烟叶生产的废水排放量大、成分复杂、色度高、化学需氧量高、纤维悬浮物多、浓度波动较大，属于难处理的高浓度有机废水。

国内外对造纸法再造烟叶的高浓度废水处理研究尚处于起步阶段，可供借鉴的研究思想、研究技术与方法较少；对中低浓度废水（如抄造浓白水）的生化处理工艺研究相对成熟（曹恩豪等，2016）。

2.4.1　高浓废水处理技术

目前，国外对造纸法再造烟叶生产过程外排高浓废水，只是简单回收纤维后排入市政污水管网由大型污水处理厂集中处理，而国内各地区的市政污水集中处理设施还不完善，更多采取自行处理的方式。

王义等（2012）研制出一套处理规模为 500kg/h 的光催化处理设备，该设备结合自制的介孔 TiO_2 对高浓再造烟叶废水进行处理。其 COD 去除率在 99%以上，出水水质澄清，呈中性，为实现高浓烟草薄片废水规模化处理提供了技术支持。吴君章等（2014）利用 Fe_2O_3/膨润土光催化 Fenton 深度处理造纸法烟草薄片废水，结果表明，在初始 pH 3.0、H_2O_2 用量 2.5mg/L、催化剂用量 1750mg/L、反应时间 180min 的条件下，废水 COD 去除率达到 80.8%，且 Fe_2O_3/膨润土光催化剂具有较高的稳定性和较好的可重复使用性。陈西路等（2015）公开了一种造纸法再造烟叶废水处理系统，该系统采用厌氧折流板反应器、改良式序列间歇反应器、MBR 池、反渗透膜分离装置、光催化高级氧化装置等技术结合处理烟叶废水，能够使高浓度的烟叶废水脱色、脱臭，大大降低其中的污染物质，确保废水回用于生产，同时具有工艺路线简单、处理成本低等优点。

2.4.2　中低浓废水的处理与回用技术

周国华等（2009）研究了利用组合膜技术工艺对造纸法再造烟叶产生的废水进行处理。该研究采用预处理-微滤膜处理-纳滤膜处理-反渗透处理工艺。实验结果表明，当废水的 COD 为 2400mg/L、电导率为 793μS/cm、悬浮物为 580mg/L 及色度为 85 倍时，经过上述组合膜工艺流程处理，相应的出水指标分别为 66mg/L、46μS/cm、1mg/L 及 1 倍，经处理后的废水可以回用于生产。胡念武（2014）研究采用臭氧、过氧化氢、紫外线、活性炭、硅藻土、丁香油等方法来处理循环水，克服网下白水在循环期间会逐渐滋长微生物、在 2～3 天后会因为变质而不能继续使用的问题。他发现丁香油在较低浓度下即具有很好的灭菌和降低氨氮含量的效果。因此，采用丁香油处理造纸法再造烟叶的生产循环水具有较好的经济性和实用价值。王俊等（2014）以工业废弃物为主要原料合成聚氯硫酸铝铁，选用聚氯硫酸铝铁混凝-Fenton 氧化工艺对造纸法烟草薄片废水进行深度处理。对聚氯硫酸铝铁混凝处理后水样，直接投加硫酸亚铁和双氧水进行 Fenton 氧化，经工艺优化处理后的废水即可满足环保要求。该方法工艺简便、易于实现、处理费用低，可达到"以废治废"的目的。

2.4.3　未来研究工作重点

（1）在现有废水处理技术的基础上，优化和简化现有工艺流程，缩短处理时间，降低中低浓度废水处理成本、降低废水排放量、提高废水排放水质；提高生产废水回用率，逐步实现再造烟叶生产废水零排放。

（2）开展再造烟叶废水处理过程中的活性污泥细菌多样性分析，选育耐 Ca^{2+}、Mg^{2+} 以及具有高降解活性的专属菌种，提高生化处理系统的运行效率。

（3）通过不同学科交叉跨界、联合攻关，开发新型净化工艺和技术，提高废水处理关键工序段处理效率、精细化水平。例如，采用纳米曝气机提高表面曝气效率，通过开发新型氧化-絮凝-吸附材料提高 COD、SS 的去除率等。

2.5　纺　织　业

纺织业废水污染物主要是棉毛等纺织纤维上的污物、盐类、油类和脂类，以及各种浆料、染料、表面活性剂、助剂、酸、碱等。由于染料生产中使用的化工原料多为萘系、蒽醌、苯系、苯胺及联苯胺类化合物，且多与金属、盐类等物质螯合，这使得印染废水具有水量变化大、水质复杂、色度高、难降解物多、COD 和 BOD_5 高、悬浮物多等特点（表 2-6），属于较难处理的工业废水（梁波等，2015）。

表 2-6　印染各工序的废水类型及水质

类型		水质
预处理废水	退浆废水	水量小、pH 高、有机物含量高；上浆以淀粉为主的退浆废水，可生化性好；上浆以聚乙烯醇为主的退浆废水，可生化性差
	煮练废水	水量大、褐色、水温高、pH 达 10 以上，含纤维素、果酸、蜡质、油脂、碱、表面活性剂、含氮化合物等，COD 和 BOD_5 均可达 3000mg/L
	漂白废水	水量大，含漂白剂、乙酸、草酸、硫代硫酸钠等，COD 较低，BOD_5 约为 200mg/L，废水污染程度较小
	丝光废水	pH 达 12 以上，含碱量超 3%，可回收，经多次工艺重复使用最终排出的废水仍呈强碱性

类型	水质
染色废水	水量较大，pH 达 10 以上，水质因所使用的染料不同而存在差异，色度深，COD 高，可生化性差
印花废水	含印花过程废水和印花后的皂洗、水洗废水，水量大，污染物浓度高，含浆料、染料、助剂等，COD、BOD_5 均较高
整理废水	水量较小，污染物主要为纤维屑、树脂、油剂、浆料等

目前，用于印染废水二级处理的工艺以物化法和生物法为主。由于二级处理出水残留难以生化降解有机物，且一般的混凝沉淀、吸附、气浮等方法也难以将色度完全去除，因此，对印染废水的处理还需后续深度处理。目前，用于印染废水深度处理的主要技术工艺有物化法、高级氧化法、生物法等。而探索新技术、提高处理能力和处理效果、满足新的排放要求，成为环保工作者迫切需要考虑的问题。

1. 物化法

张凤娥等（2011）利用改性磁粉吸附协同二氧化氯氧化深度处理代替原有的混凝沉淀加活性炭吸附的深度处理工艺，废水 COD 的质量浓度可以从 60～90mg/L 降到 8.93mg/L 以下，色度可从 55～60 倍降到 22 倍，实际工程上最后 COD 和色度的去除率分别可达到 94.56%和 60%，且处理工艺经济合理，总成本为 1.05 元/t。陈士明和刘玲（2011）采用微絮凝直接过滤作为超滤的预处理工艺，对印染废水二级出水进行深度处理。微絮凝直接过滤-超滤组合工艺对浊度和 COD 的去除效果都较稳定，出水浊度小于 0.1NTU，色度小于 5 倍，COD 的质量浓度小于 30mg/L。

2. 高级氧化法

汪永红等（2010）利用铁炭微电解协同 H_2O_2 处理印染废水，获得了很好的处理效果，脱色率达到 98%，COD 的去除率可达 78%。在王炜（2010）的 H_2O_2 协同臭氧氧化试验中，对 500mL 初始 pH 为 6.8 的废水，在臭氧的投加量为 48mg、0.1mL H_2O_2 在反应前加注到反应器的条件下，O_3-H_2O_2 工艺的 COD 去除率比臭氧单独氧化提高了 7.9%。李新等（2012）研究了 UV/H_2O_2 对印染废水生化出水中 4 种溶解性有机物，即疏水酸、非酸疏水物质、弱疏水物质及亲水物质的去除效果。实验结果表明，UV/H_2O_2 高级氧化法对此水样中的弱疏水性有机物、疏水酸和非酸疏水物质均有较好的处理效果，对亲水性有机物的处理效果较差。

3. 生物法

1）微生物技术

印染废水处理中，微生物研究主要关注的领域是选育和培养高效、优良的微生物菌株。

Acuner 和 Dilek（2004）采用驯化前后的小球藻处理 tectilon yellow 2G 染料时发现，未驯化的小球藻通过生物转化对染料进行脱色，而驯化后的小球藻则通过生物降解完成脱色过程。Sharma 等（2004）采用固定化升流式反应器，接种从某印染厂分离出的高效菌处理三苯甲烷类染料酸性蓝 15，脱色率可达 94%。此外，漆酶作为一种绿色环保的多酚氧化酶类，目前被广泛应用于染料降解领域，它可以通过催化空气中的氧气而直接氧化分解各种酚类染料、取代酚、氯酚、硫酚、双酚 A 及芳香胺等。在漆酶介导剂存在的情况下，漆酶还可催化降解偶氮类和靛青类染料。因此，漆酶固定化技术是该领域的热点之一。Singh 等（2010）用硝化纤维薄膜固定 γ-proteobacterium JB 所产的漆酶，在 4～30℃条件下能稳定保持 100%酶活 3 个月。Daâssi 等（2014）利用海藻酸钙将 Coriolopsis gallica 所产的漆酶固定，形成的凝胶小球用于对染料活性蓝 19、活性黑 5、Lanaset Grey G 等的脱色，重复使用 4 次后，其活性仍可保持在 70%以上。

2）超声、电化学技术等

沈政赢等（2006）建立了 SBR 中超声波辐射和好氧活性污泥联合作用的方法，并研究了超声波对偶氮染料 AO7 生物降解的影响，发现超声波辐射使微生物的膜渗透性有所变化，有利于促进微生物对 AO7 的降解。Kalathil 等（2011）将颗粒活性炭装入不锈钢笼并置于微生物燃料电池的双室反应器中，反应 48h 后，COD 在阳极室的去除率为 71%。崔旸等（2012）研究了当内阻为 400Ω 时，双室微生物燃料电池同步降解还原性硫化物和偶氮染料的产电性能，实验结果表明：该系统的最大电流密度和最大功率密度可分别达到 656.25mA/m^2 和 120.76mW/m^2；一个周期结束后，还原性硫化物被完全氧化，而偶氮染料废水的颜色变为透明。

印染废水的处理难，关键在于废水中含有各种难以生化降解的印染浆料和助剂，因此在印染过程中，研发成本低廉、效果良好、污染指数低的环保型浆料成为印染废水处理中的首要选择。由于生物法的成本相对较低、应用简便，历来受到研究者和使用者的关注。高效降解菌、微生物酶、高效生物膜等现代生物技术的不断发展，将使得生物法在印染废水处理中的作用得到进一步的提升。

2.6　皮革、毛皮、羽毛及其制品和制鞋业

皮革行业是我国轻工行业中的支柱产业。近年来，随着皮革工业的快速发展，

我国正在成为全球制革生产大国，逐渐跻身为皮革贸易最活跃、最具发展潜力的市场行列。中国皮革行业，经过调整优化结构，在全国已初步形成了一批专业化分工明确、特色突出、对拉动当地经济起着举足轻重作用的皮革生产特色区域和专业市场。

但在皮革生产过程中会产生大量废水，带来严重的环境污染。皮革废水主要来源于制革工序中的鞣前工段、鞣制工段和整饰工段。其中，鞣前工段的污水排放量和污染负荷约占整个工艺的 60% 和 70%；鞣制工段和整饰工段的污水排放量分别占废水总量的 5% 和 30% 左右。各环节主要污染物见表 2-7（吴娜娜等，2017）。

表 2-7　制革废水各环节主要污染物

工段	工序	主要污染物
鞣前工段	原皮水洗	SS、COD、Cl$^-$
	浸水	COD、Cl$^-$
	去肉脱脂	S^{2-}、COD、油脂
	脱毛、浸灰	S^{2-}、COD、油脂
鞣制工段	脱灰	pH、SS、COD、Cl$^-$、NH$_4^+$-N
	软化	SS、COD、无机盐
	水洗	COD、油脂
	浸酸、脱脂	pH、COD、油脂
	鞣制、复鞣	pH、COD、中性盐、色度
	中和	COD
	染色	SS、COD、色度
	加脂、挤水、喷涂	COD、油脂
整饰工段	原皮水洗	SS、COD、Cl$^-$

由此可见，制革废水中含有大量有机污染物，还含有大量如丹宁之类的难降解物质，色度高，若将制革废水直接排放会对环境造成污染。如何高效处理制革废水，是近年来环保科研工作者的研究重点。目前对制革废水的处理方法主要有物化处理和生物处理两大类。

1. 物化处理

程宝箴等（2014）研究了介孔 TiO$_2$ 对制革染色加脂废水的处理效果，结果表明，经 500℃煅烧的介孔 TiO_2 的光催化性能最高。当制革废水的 pH 为 2.5、介孔 TiO_2 投加量为 1g/L、双氧水的投加量为 30mg/L、COD 为 170mg/L 时，经太阳光照射 2d 后，废水变为澄清无色且 COD 降至 96mg/L。马鹏飞等（2015）研究了鞣制染色段化学品与 Cr^{3+} 的相互作用，并采用电化学法对制革染色水进行处理。经试验，选用铝板作为电极材料，电流密度 130A/m^2，电解时间 15min，调节 pH 8.0～8.5，沉淀后可将铬去除至 1.5mg/L 以下，同时色度去除 70%以上，COD 去除率 40%～70%。黑亚妮等（2016）研究了以锆鞣废弃物［$Zr(SO_4)_2$］改性纳米蒙脱土（montmorillonite，MMT）对铬鞣废水中 Cr^{3+} 的吸附效果，结果表明，Cr^{3+} 在 Zr-MMT 上吸附 1h 后达到平衡，且吸附过程遵循二级动力学方程；通过扫描电子显微镜（scanning electron microscope，SEM）分析 Zr-MMT 的表面形态和能谱得知，吸附过程以离子交换为主，同时还有表面吸附和静电吸附。当 pH<5 时，Cr^{3+} 的去除以吸附为主；当 pH>5 时，Cr^{3+} 的去除以碱沉淀和吸附共同作用完成。

2. 生物处理及组合工艺

Cirik 等（2013）研究使用流化床反应器处理废水中的 Cr^{6+}，于 35℃下反应 250d 后，COD、硫酸盐、酸度和 Cr^{6+} 的去除率分别可达 75%、95%、93%和 99%。曾国驱和贾晓珊（2014）采用小规模的厌氧折流板反应器（ABR）工艺，研究了制革废水的厌氧氨氧化脱氮。结果表明：ABR 可作为实现厌氧氨氧化的良好反应器，能有效和稳定地处理制革废水。当进水 NH_4^+-N 为 25.0～76.2mg/L、COD 为 131～237mg/L、NH_4^+-N 容积负荷为 0.05～0.15kg/(m^3·d)时，出水 NH_4^+-N 为 0.2～7.12mg/L、COD 为 35.1～69.2mg/L，处理效果较好。潘利冲等（2014）采用活性污泥-生物接触氧化组合工艺处理制革废水，活性污泥池、生物接触氧化池 HRT 分别为 48h、36h 条件下，原水 COD、NH_4^+-N、TN 的质量浓度分别为 600～1400mg/L、80～250mg/L、120～300mg/L，色度为 300～400 倍，处理后出水 COD、NH_4^+-N、TN 的质量浓度分别为 120～220mg/L、0～8mg/L、70～220mg/L，色度为 100～120 倍，能满足当地纳污管网的要求。杨剑锋（2014）采用物化混凝沉淀-生物选择器-氧化沟组合工艺处理制革废水，运行结果表明，在进水 COD 为 2500～3500mg/L、BOD$_5$ 为 1000～1200mg/L、硫化物为 40～100mg/L、NH_4^+-N 为 40～60mg/L、总铬为 50mg/L 时，处理后的出水水质可达到《广东省地方标准水污染物排放限值》（DB 44/26—2001）第二时段一级排放标准。

2.7　木材加工和木、竹、藤、棕、草制品业及家具制造业

木材加工和木、竹、藤、棕、草制品业及家具制造业涉及的生产活动主要包

括木材加工，人造板制造，木、竹、藤、棕、草制品制造，以及以木、竹、藤、金属、塑料等为主要原材料进行的家具制造等。

由于木材加工业废水排放量占全国废水排放量的比例极小（约为0.04%），因此木材加工业的废水治理问题一直没有受到各个部门的重视。许多木材加工企业在几年前甚至没有废水处理设施，工业废水直接排放（郁桂林，2007）。木材加工过程中蒸煮工艺段产生的蒸煮废水是木材加工废水的主要来源。蒸煮废水属于高浓度有机废水，其水量大、色度高、木质素含量高，废水的可生化性能差，直接排入水体会对水体造成严重的污染。近年来，随着生活水平的提高，人们对家具业的要求越来越高，使得木材加工业迅速发展，进而导致木材加工生产废水水量逐年上升，因此科研人员对蒸煮废水的研究也越来越多（秦伟杰，2008）。

郁桂林（2007）选择混凝-UASB-SBR组合工艺对实验室模拟木材蒸煮废水进行处理，结果表明：最佳混凝剂为$FeCl_3$、助凝剂为PAM；混凝处理结果为COD去除率53%，木质素去除率71%，B/C由处理前的0.24升至处理后的0.41，可生化性提高。常温下使用UASB反应器处理混凝出水时，COD容积负荷为$4.3kg/(m^3 \cdot d)$，出水COD浓度为$370 \sim 680mg/L$，BOD_5为$170 \sim 306mg/L$。后续SBR处理工艺COD容积负荷为$2.4kg/(m^3 \cdot d)$，出水COD浓度保持在70mg/L以下，BOD_5保持在10mg/L以下，出水水质达标。唐艳（2009）通过实验室小试，全面地探讨了酸析、混凝、厌氧-好氧组合工艺处理广东某木业公司木材蒸煮废水的效果。通过酸析试验，得出当酸的浓度为10%，pH控制在3.0左右时，废水的COD、木质素和SS去除率较好。分别选用$FeCl_3$、$Al_2(SO_4)_3$、$FeSO_4$三种混凝剂，以PAM为助凝剂对木材蒸煮废水进行混凝处理，从可行性、处理效率考虑，$FeCl_3$为最佳混凝剂，在pH为4、投药量在500mg/L时，COD、木质素和SS的最大去除率分别达到76.50%、93.77%和98.01%，且出水的B/C由0.15上升到了0.31。上述处理后的出水经厌氧-好氧系统处理后，出水COD＜200mg/L、BOD_5＜30mg/L、SS＜100mg/L、NH_4^+-N＜10mg/L，效果较好，表明该系统工艺可行。谢国建等（2015）采用"混凝-电解"对木材蒸煮废水进行预处理，结果表明：经过混凝沉淀处理，出水SS浓度可达到《污水综合排放标准》（GB 8978—1996）中的一级标准；电解可以有效降低COD浓度，废水在最佳工艺条件下经过30min的电解处理，COD的去除率达到37.18%，B/C从0.09上升到0.31，可生化性得到提高。

2.8　造纸及纸制品业

造纸业在国民经济中占有重要位置。我国造纸行业总排水量仅次于化工与钢铁行业，废水排放量位居工业行业的第3位，COD排放量达全国工业COD排放总量的 1/3。因此，造纸业水污染治理不但成为造纸行业乃至全社会关注的热点，而且成为制约造纸企业生存与发展的关键。

造纸废水排放量大，污染物浓度高，成分复杂，含有一定量的有毒有害物质，且可生化性能差。目前最常用的处理技术是以生化处理为主体的三级处理技术。一级处理一般是以混凝沉淀或气浮技术为主的预处理阶段；二级处理是生化处理阶段，包括好氧技术和厌氧技术；三级处理则是以物化手段为主的深度处理阶段（肖靓等，2016）。

1. 混凝沉淀及气浮技术

造纸废水的 SS、COD 浓度较高，且非溶解性 COD 占 COD 组成总量的大部分。因此，通常采用沉淀或气浮的方法去除废水中 SS，如纤维、胶料、涂料和化学药剂残渣等。为了提高沉淀或气浮的效果，通常在沉淀或气浮过程之前进行混凝处理。常用再生纸废水无机混凝剂有硫酸铝、三氯化铁、硫酸亚铁、聚合氯化铝等，有机絮凝剂有聚丙烯酰胺、海藻酸钠等，这些有机絮凝剂常作为助凝剂与无机絮凝剂联合使用。此外，国内外多项研究指出壳聚糖复合净水剂、三氯化铝天然聚合物复合混凝剂等新型混凝剂对废水 COD 和 SS 的去除也卓有成效（姚淑华等，2004；Wang et al.，2011a）。目前高效浅层气浮成为气浮净化技术的主流。该技术对 SS、COD 去除率可略高于沉淀法，且获得的气泡微小，密度极高，可减少混凝剂的投加，从而降低运行成本，因此在中小型规模的废水处理中表现出一定的优越性。

2. 生物处理技术

生物处理技术是废纸造纸废水处理的主体工艺，具体形式多种多样，其中厌氧生物处理法、好氧生物处理技术法和厌氧好氧组合技术法应用较为广泛。另外，生物强化新技术也是当前研究的热点之一。有研究者采用 IC 工艺对浙江某废纸造纸废水处理工程进行改造，结果表明，该工艺能较好地适应进水水质水量的波动，运行稳定，COD 去除率达到 80%，沼气产气率约为 $0.38 m^3/kg$，沼气发电量约为 $8000 kW·h/d$，实现了废水处理系统的收支平衡（蒋健翔，2010）。某钞票纸厂设计采用预处理-水解酸化-MBR 的组合工艺处理废水，膜通量在 $0.4 m^3/(m^2·d)$，水处理量为 $9000 m^3/d$。应用结果表明，出水 COD 稳定在 40mg/L 以下，出水水质达到 GB 3544—2008 标准的要求。

生物强化技术有利于显著提高造纸废水的二级处理效果，以降低废水处理成本。Freitas 等（2009）研究了将不同白腐菌用于桉木硫酸盐浆废水的二级处理。研究发现，*P. sajor* 凤尾菇和米根霉对有机物降解效果最好，经过 10d 的培养，相对吸光度值在 250nm 和 465nm 处分别降低了 25%～46%、72%～74%，COD 下降了

74%～81%。Chen 等（2012）从湖南某厂的制浆造纸废液中培育出一种大头茶属变异菌株 JW8，这种菌对制浆造纸废水中碱性木质素具有很好的降解作用。在传统的 SBR 中接种 JW8，COD、BOD_5 的去除率分别达 96.4%和 87.8%。漆酶处理制浆造纸废水是近年来研究的热点，Wang 等（2011b）利用海藻酸钠固定化漆酶处理西安某造纸厂二级生化处理废水，在最优条件（pH 4.5，温度 40℃，旋转速度 150r/min，反应时间 16h）下，COD、色度去除率分别达 67.2%、73.3%，出水满足回用水的要求。

3. 高级氧化技术

Lucas 等（2012）以太阳能光催化的 Fenton（Fe^{2+}/H_2O_2/UV）法三级处理某造纸厂的废水，研究表明，太阳能光催化 Fenton 反应高于同样条件下相应的传统无光催化反应效率。当光能为 31kJ/L、铁用量为 5mg/L、H_2O_2 消耗量为 50mmol/L（实验过程中 H_2O_2 浓度一直保持在 200～300mg/L）时，能够使 90%的溶解性有机碳矿化，并且 COD 和总酚去除率均高于 90%。刘玉川和杨刚（2017）将制得的活性炭负载 TiO_2 催化剂用于催化臭氧降解造纸废水，结果表明：催化臭氧反应 60min，造纸废水 COD 和色度去除率分别为 60.4%和 96.8%，比单独臭氧降解分别提高 9.9%和 1.8%；造纸废水成分主要为酯类、烷烃类等，经催化臭氧化反应后，大分子物质降解产生了一些小分子。

造纸废水的处理是一项长期复杂的系统工程。随着人们生活水平的不断提高和对环境的重视，亟待研究和开发经济、高效的废水处理技术。造纸废水深度处理后回用是该行业发展的热点领域，回用水的安全性问题是未来国内外造纸废水深度处理与回用领域需要重点关注的问题。

2.9　医药制造（中药加工）业

中药是以药用植物和药用动物为主要原料，以中医药理论为指导生产的中药饮片或中成药产品。近年来，我国的传统中药已逐步走上科学化、规范化的道路，能生产包括滴丸、气雾剂、注射剂在内的现代中药剂型 40 多种，品种 8000 余种，总产量已达 37 万 t。中药三大支柱产业中，中成药的发展势头比较好，成为我国国民经济中优势明显、发展迅速、市场前景广阔的朝阳产业。

2.9.1　中药饮片

传统的中药饮片是将中药材加工炮制成一定长度和厚度的片、段、丝、块等形状供汤剂使用，其传统工艺统称为中药炮制。中药炮制工艺实际上包括净制、切制和炮制三大工序，不同规格的饮片要求不同的炮制工艺，有的饮片要经过蒸、炒、煅等高温处理，有的饮片还需要加入特殊的辅料如酒、醋、盐、姜、蜜、药汁等后再经高温处理，最终是各种规格饮片达到规定的纯净度、厚薄度和全有效性的质量标准。

一般工艺流程为：原料（药材）→除杂→挑选→制片→包装。

中药饮片生产废水主要来自药材的清洗和浸泡水、机械的清洗水以及炮制工段的其他废水，一般为轻度污染废水，COD 大约在 200mg/L。但是如果在炮制工段需要加入特殊辅料，则其废水的污染物浓度将会与上述指标不同。

2.9.2　中成药

中成药生产是间歇投料，成批流转。其生产过程是以天然动植物为主要原料，采用的主要工艺有清理与洗涤、浸泡、煮练或熬制、漂洗等。中药材进行炮制（前处理）后，经提取、浓缩，最后根据产品的类型制成片剂、丸剂、胶囊、膏剂、糖浆剂等。其中，核心工艺是有效成分的提取、分离和浓缩。根据溶剂不同分为水提和溶剂提取，其中溶剂提取以乙醇提取为主。

中成药生产废水的主要来源有设备清洗水、下脚料废液清洗水、提取工段废水、辅助工段的清洗水及生活污水。中药制药主要原料均为天然有机物质，含有木质素、木脂蛋白、果胶、半纤维素、脂蜡以及许多其他复杂有机化合物，在生产过程中，胶体的成分互相起乳化、水解、复分解和溶解等作用，最终产物有木糖、半乳糖、甘露糖、葡萄糖等碳水化合物。在漂洗过程中，这些有机物部分进入废水中，使中药废水水质成分复杂，废水中溶解性物质、胶体和固体物质的浓度都很高。

中药制药过程中用水量大，有机污染严重，COD 较高，且胶体体系非常稳定。因此，在中药废水处理过程中，一般先采用混凝、破乳、电絮凝或气浮等方法，将废水中固体有机物凝聚沉降或上浮分离，尽可能地减少后续生化处理的有机负荷。

2.10　橡胶制品业

橡胶制品工业是指以生胶（天然胶、合成胶、再生胶等）为主要原料、各种配合剂为辅料，经炼胶、压延、压出、成型、硫化等工序，制造各类产品的工业，主要包括轮胎、摩托车胎、自行车胎、胶管、胶带、胶鞋、乳胶制品以及其他橡胶制品的生产企业，但不包含轮胎翻新及再生胶生产企业。

我国是橡胶工业大国，自 1915 年广东兄弟树胶公司创立计算，至今已有 100

多年历史。橡胶制品工业是传统的高加工产业,正由劳动密集型向技术密集型转移。对发展中国家来说,橡胶制品工业仍是蓄势待发的产业,一是国民经济、国防军工和人民生活都离不开橡胶,橡胶是其他任何物质不能替代的;二是橡胶产品企业大多属劳动密集型,可消化大量劳动力,经济附加值又很高;三是发展中国家占有天然橡胶等资源优势,供应方便,成本低廉。

2014 年各工业行业环境统计数据表明,在汇总的 3714 个橡胶制品企业中,有生产废水治理设施的企业为 1111 个,占统计企业的 29.9%;工业废水排放总量为 17595 万 t,达标排放量为 12324 万 t,占统计废水总量的 70.04%;全年 COD 排放总量 15089t,氨氮排放总量 1075t。

橡胶制品工业中除乳胶制品废水外,其他产品生产废水主要来自于混炼、挤出、压延与压出等工艺循环冷却水、硫化废水;生产过程中的润滑、冷却、传动等系统产生的含油废水,清洗过程中产生的含油废水,车间冲刷地面、设备等排出的含油废水等;以及企业职工生活污水等。此类企业废水以非直接接触废水(生活污水除外)为主,主要污染物为 SS、石油类、COD(调查企业 COD<200mg/L)。此类废水的特点为水量较大、污染物排放负荷较低、污染物成分简单、毒性较小。调查表明,根据企业废水排放去向不同,废水治理工艺多为混凝沉淀或生化处理工艺,废水均可达标排放。乳胶制品企业生产废水主要为产品浸渍工艺产生的废水,主要污染物为 COD、BOD_5、悬浮性颗粒物、总锌等。该类产品属接触性废水,污染物排放负荷较大。据调查,乳胶制品企业均有废水治理设施,多采用"混凝沉淀 + 好氧生化处理"工艺。

第3章 农副产品加工废水处理技术应用

3.1 农副食品加工业

3.1.1 植物油加工废水

1. 松脂加工废水

松脂为松科植物马尾松、油松或其同属植物木材中的油树脂，其所含的松香和松节油是重要的工业原料，广泛用于肥皂、造纸、橡胶、涂料、化工、医药、塑料、电气和印刷等工业部门，同时松香也是我国的大宗出口物质之一（南京林产工业学院，1981）。松脂加工过程中排放的废水主要来源于松脂蒸气加工的脂液澄清工段，其主要特点有水温高（80~85℃），呈酸性，COD、油脂（多为乳化油）、SS 含量高，可生化性差等（康朝平和陈美娟，2006）。

国内松脂加工企业的生产废水多采用"物化法"或"物化预处理＋生化法"处理（表 3-1）。福建某马来松香树脂中间体生产公司采用"絮凝沉淀-气浮-过滤工艺"处理松香树脂加工废水，处理规模为 160m³/d，处理后出水满足生产工艺的用水水质要求，运行费用为 3.36 元/t（郑育毅等，2001）。南方某松脂加工企业采用"分流预处理-强化物化工艺"处理生产废水，处理规模为 430m³/d（另有除尘废水 1000m³/d），出水 COD 指标达到国家一级排放标准，此工程年运行费用为 37.25 万元（黄自力和郑春华，2007）。福建南平劳特国际有限公司采用"预处理-物化-生化-过滤组合工艺"处理松脂加工废水，处理规模为 240m³/d，出水除油类（20mg/L）外，其他主要指标均达到《污水综合排放标准》（GB 8978—1996）的一级标准（康朝平和陈美娟，2006）。广东某松节油加工企业采用"强化物化-生化法"处理松节油加工废水，设计处理规模为 48m³/d，废水 COD、动植物油的去除率分别可达 98.8%、99.6%，出水水质达到《污水综合排放标准》（GB 8978—1996）的一级标准，运行费用为 4.6 元/t（聂丽君等，2014b）。广西玉林市某松脂加工企业采用"电催化氧化-混凝沉淀-水解酸化-MBR 联合工艺"处理松脂生产废水，设计处理规模为 72m³/d，出水完全达到《污水综合排放标准》（GB 8978—1996）一级标准，运行费用为 4.5 元/t（周鹏等，2016）。

表 3-1　松脂加工废水处理工艺及效果概览

技术类别	废水类别	主体工艺	原水主要指标	出水主要指标	参考文献
物化法	松脂加工废水	隔油沉渣-加碱预沉/絮凝沉淀-气浮/纤维球过滤	COD, 4000~1×10⁴mg/L; SS, 1500~3000mg/L; Fe^{2+}, 5~16mg/L	COD, 699~858mg/L; SS, 33.8~48.8mg/L; Fe^{2+}, 0.18~0.19mg/L	郑育毅等, 2001
	松脂加工废水	炼脂松香废水, Fe-C 微电解; 歧化松香废水, 酸化破乳; 二氢月桂烯醇废水, 汽提回收/(三股处理水与锅炉除尘废水混合) 沉渣-斜管沉淀-气浮-石英砂过滤-活性炭吸附	炼脂松香废水 COD, 1×10⁴~2.5×10⁴mg/L; 歧化松香废水 COD, 2×10⁴~2.8×10⁴mg/L; 二氢月桂烯醇废水 COD, 3×10⁴~3.5×10⁴mg/L	COD, 74mg/L	黄自力和郑春华, 2007
物化预处理＋生化法	松脂加工废水	沉渣-隔油-加碱澄清/絮凝沉淀-过滤/水解酸化-接触氧化-延时曝气/砂滤-活性炭吸附	COD, 5000~1.2×10⁴mg/L; SS, 1100mg/L; 油类, 1771mg/L	COD, 65~70mg/L; SS, 60mg/L; 油类, 20mg/L	康朝平和陈美娟, 2006
	松节油加工废水	隔油-气浮-电解预处理/AB 法-BAF 两级生化	COD, 5840~7820mg/L; 动植物油, 850~1500mg/L	COD, 81mg/L; 动植物油, 4.6mg/L	聂丽君等, 2014b
	松脂生产废水	隔油沉淀-电催化氧化-絮凝沉淀/水解酸化-MBR	COD, 5000~8000mg/L; 色度≈250 倍	COD≈100mg/L; 色度≈50 倍	周鹏等, 2016

2. 粮油加工废水

粮油企业产生的废水主要包括浸出废水、精炼废水、车间冲洗废水和厂区内生活污水等，此类废水成分复杂，主要含有皂角、磷脂、蛋白质、油、色素等物质，具有有机污染物浓度高、含油量大、磷含量高、杂质多等特点（蒋克彬等，2008；李立春等，2013）。

一个完整的含油脂废水工程措施一般包括 pH 调节、除油、除磷、生化及深度处理等（表 3-2）。涉及的主要技术包括酸碱中和、隔油、气浮、混凝沉淀、膜分离、水解酸化、活性污泥法、生物膜法等（蒋克彬等，2008）。国内某植物油厂处理油脂生产废水，按高低浓度分流处理，采用"隔油-厌氧消化-化学混凝-好氧生化工艺"处理油脂生产废水，高浓度废水处理规模为 36m³/d，低浓度废水处理规模为 470m³/d，出水水质完全达到《污水综合排放标准》（GB 8978—1996）的一级标准，运行费用为 1.56 元/t（邹敏和周海民，2004）。某粮油企业采用"气浮-MBR-Fenton 组合工艺"处理厂区综合废水，设计处理规模为 360m³/d，出水水质可达到《污水综合排放标准》（GB 8978—1996）的一级标准，运行费用为 2.86 元/t（李立春等，2013）。安徽某粮油公司采用"引气气浮-水解/好氧-混凝沉淀-砂滤工艺"处理粮油加工废水，处理规模为 600m³/d（其中精炼废水 250m³/d，其他废水 350m³/d），出水水质达到《城镇污水处理厂污染物排放标准》（GB 18918—2002）

一级（A）标准，运行费用为 2.52 元/t（史振金，2014）。江苏某食用植物油厂采用"隔油-混凝-气浮-IC-MBR 组合工艺"对植物油废水进行处理，处理规模为 400m³/d，出水水质达到《污水综合排放标准》（GB 8978—1996）二级标准后接入污水厂管网，直接运行费用为 3.15 元/t（薛鹏程等，2016）。某蛋白饲料生产企业采用"三级隔油-气浮-A/O 工艺"处理植物油精炼废水，处理规模 200m³/d（精炼废水、生活污水、初期雨水水量分别为 185m³/d、10m³/d 和 5m³/d），处理后出水水质达到《广东省地方标准水污染物排放限值》（DB 44/26—2001）第二时段一级标准以及《城市污水再生利用　城市杂用水水质》（GB/T 18920—2002）中的城市绿化标准，回用率 20%，处理成本为 3.77 元/t（林方敏等，2017）。

表 3-2　粮油加工废水处理工艺及效果概览

类别	主体工艺	原水主要指标	出水主要指标	参考文献
植物油精炼废水	高浓度含油废水：隔油-混凝沉淀/厌氧消化-接触氧化	COD，82383.0mg/L；SS，423.0mg/L；植物油，23575.0mg/L	COD，7269.5mg/L；SS，81.1mg/L；植物油，339.5mg/L	邹敏等，2004
	综合废水（低浓度含油废水＋高浓度含油废水处理出水）：混凝沉淀/接触氧化/气浮	COD，1163.8mg/L；SS，113.6mg/L；植物油，331.8mg/L	COD，49.6mg/L；SS，15.1mg/L；植物油，4.7mg/L	
粮油加工综合废水	隔油-混凝气浮/水解酸化-MBR（内设复合填料）/Fenton 氧化-混凝气浮	COD≈3000mg/L；SS≈1000mg/L；动植物油≈1×10⁴mg/L	COD≈90mg/L；SS≈10mg/L；动植物油≈1mg/L	李立春等，2013
粮油加工综合废水	隔油-气浮/A/O/混凝沉淀-砂滤	COD，$1.5×10^4$mg/L；动植物油，7000mg/L	COD≈50mg/L；动植物油≈1mg/L	史振金，2014
以大豆、玉米、菜籽等为主要原料生产食用植物油综合废水	隔油-混凝-气浮/IC-厌氧沉淀-MBR	COD≈$1.3×10^4$mg/L；SS≈1200mg/L；动植物油≈950mg/L；色度≈600 倍	COD≈120mg/L；SS≈15mg/L；动植物油≈10mg/L；色度≈20 倍	薛鹏程等，2016
以大豆、国内大豆毛油、国外大豆油和毛棕榈油为原料生产食用油和棕榈油	隔油沉渣-油水分离器-加碱中和-气浮/水解酸化-接触氧化/砂滤-消毒	COD，15650～18243mg/L；NH_4^+-N，33～46mg/L；SS，1063～1466mg/L；磷酸盐，68～82mg/L	COD，56～76mg/L；NH_4^+-N，5.2～7.3mg/L；SS，12～28mg/L；磷酸盐，0.12～0.36mg/L	林方敏等，2017

3.1.2　制糖废水

制糖是指以甘蔗、甜菜等为原料制作成品糖，以及以原糖或砂糖为原料精炼加工各种精制糖的生产活动。我国的甘蔗和甜菜的播种区域比较集中，甘蔗糖产区以广西、云南和广东为主，甜菜糖产区以新疆、黑龙江和内蒙古为主。与此相适应，我国食糖生产也相对集中于这 6 个省（自治区）。

制糖工业属于高用水量工业。根据制糖原料的不同，每榨 1t 甘蔗产生废水量高达 12～18t；而利用甜菜作为原料时，菜水比例约为 1:3～1:4.5（胡亚萍等，2012）。制糖废水包括制糖生产各工序产生的冷凝水、冷却水、洗滤布水、洗罐废水、锅炉排灰水、甜菜流送洗涤水、压水、冲滤泥水以及生产区域的地面冲洗水等。废水产生量大，水量水质排放不稳定，且具有季节性。制糖废水属于高浓度有机废水，色度深，COD 含量高但可生化性较好，氮、磷、钾等元素含量较高。

制糖废水处理通常采用"预处理-厌氧-好氧"工艺。其中厌氧部分可选用升流式厌氧污泥床（UASB）或厌氧生物滤池（anaerobic bio-filter，AF）等，好氧部分可选用普通曝气法、氧化沟活性污泥法、序批式活性污泥法、接触氧化法等（表 3-3），其中甜菜制糖废水处理不宜采用生物滤池、生物转盘等暴露式生物膜技术，参见《制糖废水治理工程技术规范》（HJ 2018—2012）。

表 3-3 制糖废水处理工艺及效果概览

类别	主体工艺	原水主要指标	出水主要指标	参考文献
甘蔗制糖综合废水	ABR 水解酸化-CASS	COD，2050mg/L； BOD_5，1050mg/L； SS，250mg/L； NH_4^+-N，12.5mg/L	COD，40mg/L； BOD_5，6mg/L； SS，35mg/L； NH_4^+-N，0.5mg/L	韩彪等，2010
甘蔗制糖废水	水解酸化-好氧	COD，1200mg/L； BOD_5，600mg/L； SS，150mg/L； NH_4^+-N，30mg/L	COD，34～53mg/L； BOD_5，12～17mg/L； SS，27～42mg/L； NH_4^+-N，3.61～7.52mg/L	桂琪等，2013
甜菜制糖废水	氧化塘-高密度沉淀池/ABR-A/O 氧化沟/浅层气浮	COD，1×10^4～1.2×10^4mg/L； BOD_5，6500～7200mg/L； SS，5200～6000mg/L； NH_4^+-N，40～50mg/L； TN，120～150mg/L； TP，15～20mg/L	COD，95.4mg/L； BOD_5，16.9mg/L； SS，61mg/L； NH_4^+-N，9.0mg/L； TN，13.8mg/L； TP，0.42mg/L	苏焱顺，2012
甜菜制糖废水	UASB-A/O/O	COD，3000～5000mg/L； BOD_5，1800～3100mg/L； SS，800～1020mg/L； NH_4^+-N，40～77mg/L	COD，32～81mg/L； BOD_5，5～13mg/L； SS，30～41mg/L； NH_4^+-N，2.5～7.5mg/L	王仲旭和郑艳芬，2013
甜菜制糖生产废水	沉砂预处理/ABR-好氧/絮凝沉淀	COD≈4500mg/L； BOD_5≈2000mg/L； SS≈8000mg/L	COD≈100mg/L； BOD_5≈20mg/L； SS≈70mg/L	武贤智，2014
食糖精炼废水	调节沉淀/附加循环 IC-双曝气双泥层过滤/石英砂过滤	COD，221～8299mg/L； NH_4^+-N，10.7～62.6mg/L	COD，18～32mg/L； NH_4^+-N，0.14～1.2mg/L	高洪刚，2014

广西某糖厂采用"ABR-CASS[①]工艺"处理甘蔗制糖废水，设计规模为 2000m³/d，

———————
① 周期循环活性污泥系统（cyclic activated sludge system，CASS）

出水水质达到《制糖工业水污染物排放标准》(GB 21909—2008)中甘蔗制糖排放限值要求,处理费用为 0.48 元/t(韩彪等,2010)。广西某制糖厂采用"水解酸化-好氧-沉淀工艺"处理甘蔗制糖废水,处理规模为 13000m³/d,出水污染物浓度达到《制糖工业水污染物排放标准》(GB 21909—2008),运行费为 0.65 元/t(桂琪等,2013)。内蒙古某糖业有限公司采用"氧化塘-ABR-A/O 氧化沟工艺"处理甜菜制糖废水,设计处理规模为 6000m³/d,出水水质达到《制糖工业污染物排放标准》(GB 21909—2008)中新建制糖企业水污染排放限值,处理费用为 1.55 元/t(苏焱顺,2012)。黑龙江省某糖厂采用"UASB-A/O 组合工艺"治理制糖废水,处理规模为 4000m³/d,出水污染物浓度达到《制糖工业水污染物排放标准》(GB 21909—2008),运行费为 0.96 元/t(王仲旭和郑艳芬,2013)。新疆奎屯某糖厂采用"ABR-活性污泥法"处理生产废水,设计处理规模 7000m³/d,处理后水质达到《制糖工业污染物排放标准》(GB 21909—2008)中新建制糖企业水污染排放标准,运行费用为 1.25 元/t(武贤智,2014)。山东省日照市凌云海糖业集团有限公司采用"厌氧-好氧-接触过滤工艺"处理食糖精炼废水,处理规模为 4000m³/d,出水指标达到《山东省半岛流域水污染物综合排放标准》(DB 37/676—2007)及其修改单中的规定,并可满足厂方中水回用的需要(高洪刚,2014)。梁新佳(2015)通过参考 35 家以上糖厂的工程实践,比较了氧化沟与 CASS 两种典型工艺在制糖废水处理中的应用情况,并认为在针对同种废水、同一水平设备配置条件下,两种工艺土建投资(考虑 CASS 工艺的水池共壁情况)、实际运行电耗相近。氧化沟工艺操作运行简单、系统抗浓度冲击能力强,但总占地面积较大、需排出较多的剩余污泥、污泥浓缩及压滤脱水成本相对较高;CASS 工艺平面布置紧凑、自动化程度高、剩余污泥产量少,但工程总投资略大、对工人技术水平要求较高(梁新佳,2015)。

3.1.3　屠宰及肉类加工废水

屠宰废水指屠宰过程中产生的废水,主要含有血污、油脂、碎肉、畜毛、未消化的食物及粪便、尿液等。肉类加工废水指肉类加工过程中产生的废水,主要含有碎肉、脂肪、血液、蛋白质、油脂等。

屠宰动物废水产生量一般可参考表 3-4、表 3-5 中的数据。肉类加工的废水量与加工规模、种类及工艺有关。单独的肉类加工厂废水量应根据实际情况具体确定,一般不应超过 5.8m³/t(原料肉),有分割肉、化制等工序的企业每加工 1t 原料肉可增加排水量 2m³;肉类加工厂与屠宰场合建时,其废水量可按同等规模的屠宰场及肉类加工厂分别取值计算。

表 3-4　单位屠宰动物废水产生量（畜类）　　　　　　　单位：m³/头

屠宰动物类型	牛	猪	羊
屠宰单位动物废水产生量	1.0～1.5	0.5～0.7	0.2～0.5

表 3-5　单位屠宰动物废水产生量（禽类）　　　　　　　单位：m³/100 只

屠宰动物类型	鸡	鸭	鹅
屠宰单位动物废水产生量	1.0～1.5	2.0～3.0	2.0～3.0

根据《屠宰与肉类加工废水治理工程技术规范》（HJ 2004—2010）要求，由于屠宰与肉类加工废水含有高含量的氮、磷，B/C 较高，可生化性良好等，因此多采用生化处理为主、物化处理为辅的组合处理工艺，并按照国家相关政策要求，因地制宜考虑废水深度处理及再用。

1. 畜类屠宰加工

屠宰废水悬浮物浓度较高，有机物浓度高，可生化性好，油脂含量大，水呈红褐色并有明显的腥臭味，是一种典型的有机污水（表 3-6 和表 3-7）。

表 3-6　畜类屠宰加工废水处理工艺及效果概览

类别	主体工艺	原水主要指标	出水主要指标	参考文献
屠宰废水	隔油-调节/ABR-膜反应池（类接触氧化）-膜分离池（类MBR）	COD，2134～2230mg/L；NH₄⁺-N，178～182mg/L；SS，973～1190mg/L；动植物油，193～201mg/L	COD，36.3～40.8mg/L；NH₄⁺-N，3.9～4.1mg/L；SS，4.6～5.3mg/L；动植物油，0.95～1.0mg/L	邹振生等，2012
生猪屠宰加工废水	隔油沉淀-高效浅层气浮/UASB-接触氧化/消毒	COD≈4000mg/L；BOD₅≈2000mg/L；NH₄⁺-N≈100mg/L；SS≈4000mg/L；动植物油≈600mg/L	COD≈74mg/L；BOD₅≈26mg/L；NH₄⁺-N≈12mg/L；SS≈56mg/L；动植物油≈11mg/L	徐鹏等，2013
猪、牛、羊等畜禽的屠宰加工废水	隔油沉砂-涡凹气浮/水解酸化-SBR/消毒	COD≈1350mg/L；BOD₅≈720mg/L；NH₄⁺-N≈780mg/L；SS≈55mg/L；动植物油≈150mg/L	COD≈55mg/L；BOD₅≈15mg/L；NH₄⁺-N≈25mg/L；SS≈10mg/L；动植物油≈8mg/L	郭英丽，2014
生猪屠宰废水	隔油-絮凝沉淀/A/A-两级水平潜流人工湿地	COD，1300～1600mg/L；BOD₅，700～825mg/L；NH₄⁺-N，60～100mg/L；SS，350～450mg/L；油脂，569～688mg/L	COD，10.0～82.0mg/L；BOD₅≈30mg/L；NH₄⁺-N，低于检出限；SS≈60mg/L；油脂≈15mg/L	余江等，2014
生猪屠宰废水	CSTR-絮凝沉淀/A/O/消毒	COD，1310～2400mg/L；BOD₅，720～1350mg/L；NH₄⁺-N，80～120mg/L	COD，60～80mg/L；BOD₅≈25mg/L；NH₄⁺-N，11～15mg/L	向亚东，2016

续表

类别	主体工艺	原水主要指标	出水主要指标	参考文献
生猪屠宰废水	CSTR-絮凝沉淀/A/O/消毒	SS，520～850mg/L；动植物油，120～200mg/L	SS，50～60mg/L；动植物油≈15mg/L	向亚东，2016
生猪屠宰加工废水	隔油沉淀-高效浅层气浮/脉冲式厌氧-CASS/	COD≈2800mg/L；NH_4^+-N ≈100mg/L	COD<120mg/L；NH_4^+-N <25mg/L	陈星和刘士军，2016

表 3-7　禽类屠宰加工废水处理工艺及效果概览

类别	主体工艺	原水主要指标	出水主要指标	参考文献
鸡鸭屠宰加工废水	溶气气浮/复合好氧-BAF/消毒	COD，1500～2000mg/L；BOD_5，800～1200mg/L；NH_4^+-N，50～80mg/L；SS，800～1500mg/L；动植物油，40～60mg/L	COD≈50mg/L；BOD_5≈11mg/L；NH_4^+-N≈2mg/L；SS≈30mg/L；动植物油≈10mg/L	董春艳等，2011
肉鸡屠宰加工废水	水力筛-隔油-一级气浮/水解酸化-接触氧化/斜管沉淀-二级气浮-消毒	COD≈2460mg/L；BOD_5≈965mg/L；NH_4^+-N≈56.7mg/L；SS≈362mg/L；动植物油≈125mg/L	COD≈65mg/L；BOD_5≈23mg/L；NH_4^+-N≈6mg/L；SS≈16mg/L；动植物油≈0.29mg/L	李慧等，2012
白鹅屠宰加工废水	气浮/水解酸化-接触氧化/混凝气浮-石英砂过滤	COD，1384～1536mg/L；BOD_5，815～862mg/L；NH_4^+-N，85.4～89.1mg/L；SS，885～924mg/L；动植物油，33.5～35.1mg/L	COD，41.9～45.3mg/L；BOD_5，14.3～14.6mg/L；NH_4^+-N，10.4～11.6mg/L；SS，22.5～24.3mg/L；动植物油，10.1～10.5mg/L	李亚峰等，2013a
肉鸡屠宰加工废水+熟食废水	隔油沉淀-1#DAF/IC-A/O（液体LLMOTM菌接种）-2#DAF/消毒	COD≈3000mg/L；BOD_5≈1500mg/L；NH_4^+-N，40～80mg/L；SS，500mg/L；动植物油≈500mg/L	COD，48～58mg/L；BOD_5<20mg/L；NH_4^+-N，1.6～2.3mg/L；SS<30mg/L；动植物油<5mg/L	王立军和张耀英，2016

　　某食品公司屠宰厂采用"双膜式反应器"处理屠宰废水，处理规模为200m³/d（回用率达40%），水处理成本一般不超过0.4元/t（邹振生等，2012）。某大型食品集团采用"UASB-接触氧化工艺"处理生猪屠宰加工废水，处理规模为6000m³/d，排放废水达到《肉类加工工业水污染物排放标准》（GB 13457—1992）一级排放标准，运行费用为1.72元/t（徐鹏等，2013）。某企业采用"水解酸化-SBR工艺"处理猪、牛、羊等畜禽的屠宰加工废水，设计处理规模为4000m³/d，出水达到了《肉类加工工业水污染物排放标准》（GB 13457—1992）一级排放标准要求，运行费用夏季为1.6元/t（郭英丽，2014）。湖北省蕲春县漕河镇某屠宰厂采用"好氧-人工湿地组合工艺"处理生猪屠宰废水，处理规模为25m³/d，出水能稳定达到《肉类加工工业水污染物排放标准》（GB 13457—1992）中的畜类屠宰加工的一级标准限值，适于在农村地区屠宰厂推广（余江等，2014）。广东某生猪定点屠宰厂采用

"CSTR-混凝沉淀-A/O 联合工艺"处理生猪屠宰废水，处理规模为 250m³/d，出水 COD、NH_4^+-N、SS 均达到国家《肉类加工工业水污染物排放标准》（GB 13457—1992）中的一级排放标准要求，运行费用为 1.27 元/t（向亚东，2016）。芜湖某食品有限公司采用"预处理-脉冲式厌氧滤池-CASS 工艺"处理生猪屠宰、肉类加工废水，处理规模为 6000m³/d，废水处理成本为 2.1 元/t（陈星和刘士军，2016）。

2. 禽类屠宰加工

禽类屠宰废水与畜类屠宰废水相比，具有毛量大、细碎动物组织多等特点。秦皇岛市某食品加工厂采用"气浮-复合好氧-BAF 工艺"处理活禽屠宰及禽肉加工废水，处理规模为 500m³/d，出水水质达到《肉类加工工业水污染物排放标准》（GB 13457—1992）的一级标准（董春艳等，2011）。某公司采用"气浮-水解酸化-接触氧化工艺"处理禽类屠宰加工废水，设计处理规模为 2000m³/d，出水水质达到《肉类加工工业水污染物排放标准》（GB 13457—1992）的一级标准，处理成本为 0.98 元/t（李慧等，2012）。长春市某食品公司采用"气浮-水解酸化-接触氧化-混凝气浮-过滤工艺"屠宰废水，设计处理规模为 300m³/d，出水水质稳定达到《污水综合排放标准》（GB 8978—1996）一级排放标准，运行成本为 0.97 元/t（李亚峰等，2013a）。山东仙坛股份有限公司采用"预处理-IC-A/O-DAF-消毒组合工艺"处理屠宰及肉类加工和熟食废水，设计处理规模为 4000m³/d，出水水质满足修改后的《山东省半岛流域水污染物综合排放标准》（DB 37/676—2007）中表 3 的二级标准，运行费用夏季为 1.05 元/t，冬季为 1.48 元/t（王立军和张耀英，2016）。

3.1.4　水产加工废水

水产加工是指以海水、淡水养殖或捕捞的鱼类、虾类、甲壳类、贝类、藻类等水生动物或植物为主体，加工制造成各类食品、饲料和工业、医药等用品。水产加工废水主要源自水产品的宰杀、解冻、清洗、浸泡等，具有悬浮物高（主要为洗涤浸泡时产生的动物蛋白等有机物）、动物油脂浓度高、有机物浓度高、氨氮总磷浓度高等特点（表3-8）。另外，水产加工废水还具有排放量波动比较大，受季节（如禁渔期即为淡季）、市场及产品结构变化影响较大等特点（张司桥，2009）。

表 3-8　水产加工废水处理工艺及效果概览

类别	主体工艺	原水主要指标	出水主要指标	参考文献
水产工业园区综合废水	隔油沉淀-曝气调节-混凝气浮/A²/O	COD，1000～1900mg/L；BOD₅，400～1000mg/L；NH_4^+-N，60～105mg/L；TP，8～10mg/L；	COD≈150mg/L；BOD₅≈30mg/L；NH_4^+-N≈25mg/L；TP≈1.0mg/L；	张司桥，2009

续表

类别	主体工艺	原水主要指标	出水主要指标	参考文献
水产工业园区综合废水	隔油沉淀-曝气调节-混凝气浮-A²/O	SS，400～600mg/L；动植物油，50～80mg/L	SS≈150mg/L；动植物油≈15mg/L	张司桥，2009
鱿鱼加工废水	隔油-溶气气浮-UASB-缺氧-接触氧化	COD≈4215mg/L；BOD$_5$≈1974mg/L；NH$_4^+$-N≈145mg/L；SS≈1150mg/L；动植物油≈287mg/L	COD≈150mg/L；BOD$_5$≈56mg/L；NH$_4^+$-N≈39mg/L；SS≈228mg/L；动植物油≈55mg/L	顾晓丽和乔启成，2012
水产加工综合废水	絮凝沉淀/水解酸化-接触氧化/混凝沉淀	COD≈2200mg/L；NH$_4^+$-N≈214mg/L；SS≈300mg/L	COD≈129mg/L；NH$_4^+$-N≈17mg/L；SS≈138mg/L	余东，2014
水产加工综合废水	隔油沉淀-曝气调节-混凝气浮/脉冲厌氧-A/O	COD≈6500mg/L；BOD$_5$≈3000mg/L；NH$_4^+$-N≈95mg/L；TP≈10mg/L；SS≈850mg/L	COD≈71mg/L；BOD$_5$≈15.38mg/L；NH$_4^+$-N≈3.35mg/L；TP≈0.49mg/L；SS≈32mg/L	蔡名跳，2016

水产加工废水有机物含量较高，废水生化性较好，因此多采用生化处理为主、物化处理为辅的处理工艺。浙江某大型水产工业园区采用"隔油沉淀-曝气调节-混凝气浮-A²/O 工艺"处理园区综合废水（园区 20 余家水产加工企业各自均设有脱磷预处理以保证厂区排放口总磷浓度不高于 10mg/L），处理规模为 7600m³/d，出水水质基本达到《污水综合排放标准》（GB 8978—1996）二级标准，直接运行费用为 1.61 元/t（张司桥，2009）。南通某鱿鱼加工企业采用"隔油-溶气气浮-UASB-缺氧-接触氧化组合工艺"处理鱿鱼加工废水，设计处理规模为 1200m³/d，出水满足《污水综合排放标准》（GB 8978—1996）三级排放标准的要求，直接运行费用为 1.57 元/t（顾晓丽和乔启成，2012）。某食品公司采用"水解酸化-接触氧化工艺"处理水产品加工废水，设计处理规模为 220m³/d，出水水质达到《污水综合排放标准》（GB 8979—1996）中的二级标准，处理费用为 2.18 元/t（余东，2014）。浙江香海食品股份有限公司采用"脉冲厌氧反应器-A/O 工艺"处理水产加工废水，设计处理规模为 200m³/d，各污染指标均能达到《污水综合排放标准》（GB 8978—1996）中的一级标准（蔡名跳，2016）。

3.1.5 蔬菜加工废水

蔬菜加工是指以蔬菜为原料，经清洗、去皮、切分（或未经去皮、切分）和热烫等预处理后，采用物理、化学和生物的方法制成食品以利保藏的加工过程。蔬菜加工废水主要来自清理、漂洗和脱水过程，具有水量呈季节性变化、COD 浓度高、B/C 较高、SS 含量高、pH 低、易酸化等特点（景长勇等，2016）。

蔬菜加工废水一般无毒，可生化性较好，国内多采用"预处理＋生物处理"的污染治理工艺（表3-9）。青岛海星食品有限公司采用"兼氧-生物接触氧化工艺"处理速冻蔬菜加工综合废水，处理规模为 400m³/d，出水水质达到《污水综合排放标准》（GB 8978—1996）的二级标准，运行费用为 0.5 元/t（王全勇和周项亮，2000）。内蒙古赤峰市某蔬菜加工厂采用"SBR 工艺"处理脱水蔬菜加工废水，处理规模为 700m³/d，出水水质达到《污水综合排放标准》（GB 8978—1996）的一级标准，运行费用为 0.62 元/t（胡晓莲和王西峰，2009）。山东某有限公司采用"水解酸化-多级接触氧化工艺"处理大蒜废水，处理规模为 500m³/d，出水水质达到《污水综合排放标准》（GB 8978—1996）的一级标准，运行费用为 0.87 元/t（高廷东和王道虎，2009）。某大蒜切片加工企业采用"铁碳微电解-加碱曝气-溶气气浮/两级接触氧化"工艺处理生产废水，设计处理规模为 200m³/d，出水水质达到《城市污水再生利用　农田灌溉用水水质》（GB 20922—2007）中的旱地谷物水质标准，运行成本为 1.38 元/t（景长勇等，2016）。

表 3-9　蔬菜加工废水处理工艺及效果概览

类别	主体工艺	原水主要指标	出水主要指标	参考文献
速冻蔬菜加工综合废水	兼氧-生物接触氧化	COD，1800～3080mg/L；BOD$_5$，1050～1500mg/L；SS，335～377mg/L	COD，71～75mg/L；BOD$_5$，11～13mg/L；SS，41～48mg/L	王全勇和周项亮，2000
脱水蔬菜加工废水	厌氧降温调节/SBR/消毒	COD≈1140mg/L；BOD$_5$≈627mg/L；SS≈257mg/L	COD≈79mg/L；BOD$_5$≈27mg/L；SS≈28mg/L	胡晓莲和王西峰，2009
大蒜、洋葱加工废水	曝气调节/水解酸化-多级接触氧化	COD≈912mg/L；BOD$_5$≈423mg/L；SS≈242mg/L	COD≈56mg/L；BOD$_5$≈19mg/L；SS≈22mg/L	高廷东和王道虎，2009
大蒜切片废水	铁碳微电解-加碱曝气-溶气气浮/两级接触氧化	COD≈4000mg/L；BOD$_5$≈1400mg/L；SS≈1150mg/L	COD，140～180mg/L；BOD$_5$，60～80mg/L；SS，60～90mg/L	景长勇等，2016

3.1.6　其他农副食品加工废水

淀粉及淀粉制品制造是指用玉米、薯类、豆类及其他植物原料制作淀粉和淀粉制品，还包括以淀粉为原料，经酶法或酸法转换得到糖品的生产活动。

以玉米为原料生产淀粉时，废水主要来源于玉米浸泡、胚芽分离与洗涤、纤维洗涤、浮选浓缩、蛋白压滤等工段蛋白回收后的排水，以及玉米浸泡水资源回收时产生的蒸发冷凝水。以薯类为原料生产淀粉时，废水主要来源于脱汁、分离、脱水工段蛋白回收后的排水，以及原料输送清洗废水。以小麦为原料生产淀粉时，废水由两部分组成：沉降池里的上清液和离心后产生的黄浆水。以淀粉为原料生产淀粉糖时，废水主要来源于离子交换柱冲洗水、各种设备的冲洗水和洗涤水、液化糖化工艺的冷却水 [《淀粉废水治理工程技术规范》（HJ 2043—2014）]。淀粉废水主要污染物包括原料中的可溶性物质、渣皮以及分离出的淀粉、纤维、有机酸、蛋白质和糖类等，具有废水排放量大，pH 低，有机物、悬浮物、氮磷含量高，可生化性好等特点（闫海红等，2015）。

　　淀粉废水治理总体上宜采用"预处理 + 厌氧生物处理 + 好氧生物处理 + 深度处理"的污染治理工艺，见表 3-10 [《淀粉废水治理工程技术规范》（HJ 2043—2014）]。沈阳市某淀粉厂采用"UASB-SBBR-混凝-气浮工艺"处理生产废水，设计处理规模为 480m³/d，出水达到《污水综合排放标准》（GB 8978—1996）的一级标准，工艺运行成本为 0.63 元/t（李亚峰等，2013b）。甘肃省定西市某淀粉厂采用"气浮-UASB-SBR 工艺"处理生产废水，设计处理规模为 300m³/d，出水达到《污水综合排放标准》（GB 8978—1996）的一级标准，工艺运行成本为 1.59 元/t（张涛等，2013）。河北省某淀粉有限公司采用"UASB-生物接触氧化工艺"处理生产废水，设计处理规模为 3200m³/d，出水达到《淀粉工业水污染物排放标准》（GB 25461—2010），处理成本为 1.17 元/t（王仲旭等，2013）。某淀粉及淀粉糖生产企业采用"IC-A/O-MBR 工艺"处理生产废水，设计处理规模为 2000m³/d，出水水质稳定达到河南省地方标准《省辖海河流域水污染物排放标准》（DB 41/777—2013），总运行成本为 1.3 元/t（陈勇等，2015）。郑州市惠济区某企业采用"脉冲水解-EGSB 倒置 A²/O 工艺"处理玉米淀粉废水，设计处理规模为 300m³/d，出水水质达到《淀粉工业水污染物排放标准》（GB 25461—2010）的直排标准，运行费用为 1.92 元/t（杨卫等，2015）。

表 3-10　淀粉及淀粉制品制造废水处理工艺及效果概览

类别	主体工艺	原水主要指标	出水主要指标	参考文献
马铃薯淀粉生产废水	UASB-SBBR/混凝-气浮	COD≈13400mg/L； BOD$_5$≈6500mg/L； NH$_4^+$-N ≈160mg/L； SS≈2000mg/L	COD≈38mg/L； BOD$_5$≈18mg/L； NH$_4^+$-N ≈13mg/L； SS≈24mg/L	李亚峰等，2013b
马铃薯淀粉生产废水	气浮/UASB-SBR	COD≈6000mg/L； BOD$_5$≈4000mg/L； SS≈1200mg/L	COD≈70mg/L； BOD$_5$≈30mg/L； SS≈50mg/L	张涛等，2013
淀粉、葡萄糖、味精等生产综合废水	UASB-缺氧-接触氧化/混凝沉淀	COD，8000～1×10⁴mg/L； NH$_4^+$-N，38～52mg/L； TP，15～26mg/L； SS，1400～2000mg/L	COD，60～76mg/L； NH$_4^+$-N，2～5mg/L； TP，0.5～0.74mg/L； SS，8～12mg/L	王仲旭等，2013
淀粉、葡萄糖、玉米副产品等生产综合废水	IC-A/O-好氧/混凝沉淀/MBR	COD，3068～3853mg/L； BOD$_5$，1262～1326mg/L； NH$_4^+$-N，31.0～33.7mg/L； SS，401～587mg/L	COD，53～60mg/L； BOD$_5$，15～19mg/L； NH$_4^+$-N，0.23～0.32mg/L； SS，20～30mg/L	陈勇等，2015

类别	主体工艺	原水主要指标	出水主要指标	参考文献
玉米淀粉废水	脉冲水解酸化-EGSB-倒置 A^2/O	COD，6840～7880mg/L；BOD$_5$，3260～4410mg/L；NH$_4^+$-N，62.8～88.7mg/L；TN，98.4～106.2mg/L；TP，22.1～24.8mg/L；SS，2120～2880mg/L	COD，48.8～81.4mg/L；BOD$_5$，13.6～17.8mg/L；NH$_4^+$-N，6.5～8.3mg/L；TN，17.9～24.5mg/L；TP，0.47～0.58mg/L；SS，14.5～19.8mg/L	杨卫等，2015

3.2　食品制造业

食品工业是"为耕者谋利、为食者造福"的传统民生产业，在实施制造强国战略和推进健康中国建设中具有重要地位。

3.2.1　方便食品制造废水

方便食品制造是指以米、面、杂粮等为主要原料加工制成，只需简单烹制即可作为主食，具有食用简便、携带方便、易于储藏等特点的食品的制造。现代方便食品有面条、方便面、速冻饺子、腊肉、压缩干粮等（表 3-11）。

表 3-11　方便食品制造废水处理工艺及效果概览

类别	主体工艺	原水主要指标	出水主要指标	参考文献
速冻食品（鱼类、蔬菜）加工综合废水	水解沉淀-曝气调节-一级气浮/接触氧化/二级气浮	COD≈1860mg/L；磷酸盐≈4.22mg/L；SS≈230mg/L；动植物油≈15.4mg/L	COD≈41mg/L；磷酸盐≈0.036mg/L；SS<50mg/L；动植物油≈0.21mg/L	滕仕峰和王燨，2005
米粉生产废水	两相厌氧-SBR	COD≈1600mg/L；BOD$_5$≈850mg/L；SS≈450mg/L	COD≈77.1mg/L；BOD$_5$≈24.3mg/L；SS≈23.6mg/L	陆燕勤和张学洪，2002
米粉生产废水	多级沉淀-混凝沉淀/ABR-SBR	COD，3580～5420mg/L；BOD$_5$，1256～1900mg/L；NH$_4^+$-N，19～37mg/L；SS，384～485mg/L	COD，83～145mg/L；BOD$_5$，28～52mg/L；NH$_4^+$-N，2.2～6.2mg/L；SS，55～88mg/L	唐海和王军刚，2013
方便面、饮料生产废水	隔油-固液分离-混凝-浅池气浮/活性污泥	COD，946～2149mg/L；BOD$_5$，512～1125mg/L；SS，350～800mg/L；动植物油，320～760mg/L	COD，97～142mg/L；BOD$_5$，25～30mg/L；SS<150mg/L；动植物油，14～15mg/L	许翔，2004
方便面生产废水	隔油-曝气调节/两级 A/O	COD，1467～1680mg/L；NH$_4^+$-N，77～98mg/L；动植物油，65～77mg/L	COD，55～86mg/L；NH$_4^+$-N，4～11mg/L；动植物油，2～7mg/L	王华章等，2009

续表

类别	主体工艺	原水主要指标	出水主要指标	参考文献
油炸类方便面废水	隔油调节/水解酸化-SBR	COD≈1200mg/L； BOD_5≈650mg/L； NH_4^+-N≈80mg/L； SS≈750mg/L； 动植物油≈85mg/L	COD≈60mg/L； BOD_5≈30mg/L； NH_4^+-N <15mg/L； SS≈70mg/L； 动植物油≈15mg/L	徐志标和童学强，2014

速冻食品制造是指以米、面、杂粮等为主要原料，以肉类、蔬菜等为辅料，经加工制成各类烹制或未烹制的主食食品后，立即采用速冻工艺制成的、并可以在冻结条件下运输储存及销售的各类主食食品的生产活动。威海威东日综合食品有限公司采用"气浮-生物接触氧化工艺"处理速冻食品加工废水，设计处理规模2000m³/d，出水水质符合《污水综合排放标准》（GB 8978—1996）的一级标准（滕仕峰和王熳，2005）。

米粉是我国独有的食品。米粉生产废水主要来源于大米（或碎米）洗涤、浸泡水，磨浆水，团粉冷却水以及设备清洗水，废水中有机物和悬浮物含量高，氮和磷相对缺乏，废水水质随加工厂、加工工艺、季节等条件的变换而变化。桂林市瓦窑米粉厂采用"两相厌氧-SBR 工艺"处理生产废水，设计处理规模为200m³/d，出水水质达到国家规定的《污水综合排放标准》（GB 8978—1996）的新改扩一级标准，直接运行费用为 0.4 元/t（陆燕勤和张学洪，2002）。某米粉企业采用"混凝预处理-ABR-SBR 组合工艺"处理米粉废水，出水各项指标均达到《污水综合排放标准》（GB 8978—1996）的二级标准，运行费用约为 0.43 元/t（唐海和王军刚，2013）。

方便面生产废水主要来源于工人消毒废水、车间设备清洗和地面冲洗水及少量的外溅味汁喷淋水。废水有机物含量高，含油量大。福州统一企业有限公司采用"高效气浮-活性污泥组合工艺"处理方便面和饮料生产废水，设计处理规模600m³/d，出水水质可满足《污水综合排放标准》（GB 8978—1996）的二级标准（许翔，2004）。山东白象方便面生产厂采用"隔油-两级 A/O 工艺"处理方便面生产废水，设计处理规模为800m³/d，出水水质可满足《污水综合排放标准》（GB 8978—1996）的一级标准，处理成本为 0.43 元/t（王华章等，2009）。某方便面生产企业采用"水解酸化-SBR 工艺"处理油炸类方便面生产废水，设计处理规模为 30m³/d，出水水质可满足《污水综合排放标准》（GB 8978—1996）的一级标准，处理成本为 1.87 元/t（徐志标和童学强，2014）。

3.2.2　乳制品（含乳制冷冻饮品）制造废水

乳制品制造是指以生鲜牛（羊）乳及其制品为主要原料，经加工制成液体乳及固体乳（乳粉、炼乳、乳脂肪、干酪等）制品的生产活动。乳品加工废水主要来源于各种设备的洗涤水、地面冲洗水以及生产各种乳制品的废水。乳制品废水富含蛋白质、脂肪、乳糖、碳水化合物和各种化学洗涤剂、消毒剂等污染成分，具有水质水量在一天之内波动较大、有机物含量高（其中乳糖是废水中主要固体有机物）、可生化性好等特点（康小虎等，2015）。

乳制品废水虽然有机物含量高，但处理难度不高。我国对于乳制品废水处理技术主要有物化法、生化法以及二者的结合（表 3-12）。邯郸市滏阳乳业有限责任公司采用"混凝沉淀-水解酸化-SBR 工艺"处理乳品废水，设计处理规模为 600m³/d，出水水质可满足《污水综合排放标准》（GB 8978—1996）的一级标准，运行费用为 0.51 元/t（许吉现等，2007）。某乳制品企业采用"预酸化-UASB-CASS 工艺"处理液态奶生产废水，处理规模为 3000m³/d。经过 2 年多实际运行，该工艺运行稳定、操作管理方便，水处理费用小于 0.5 元/t（俞林波和许艳，2009）。某乳品加工厂采用"滴滤床-接触氧化工艺"处理乳品废水，处理规模为 1200m³/d，出水水质达到《污水综合排放标准》（GB 8978—1996）的一级标准，运行费用为 1.2 元/t（吴建华和刘锋，2014）。内蒙古某乳业公司采用"隔油调节-气浮-UASB-CASS 工艺"处理企业综合废水，处理规模为 1000m³/d（其中生产废水 950m³/d，生活污水 50m³/d），出水水质达到《污水综合排放标准》（GB 8978—1996）的一级标准及《城市污水再生利用 城市杂用水水质》（GB/T 18920—2002）的标准（刘华等，2015）。哈尔滨某乳制品企业采用"气浮-水解酸化-生物接触氧化工艺"处理高浓度乳制品工业废水，处理规模为 500m³/d，出水水质满足《污水综合排放标准》（GB 8978—1996）的三级标准，运行成本为 1.51 元/t（单连斌和于宏静，2015）。

表 3-12　乳制品制造废水处理工艺及效果概览

类别	主体工艺	原水主要指标	出水主要指标	参考文献
牛奶加工废水	混凝沉淀/水解酸化-SBR	COD，800～3000mg/L；BOD₅，350～1500mg/L；SS，300～1000mg/L	COD，10～13.87mg/L；BOD₅，1.07～1.97mg/L；SS，2～10mg/L	许吉现等，2007
液态奶生产废水	预酸化/UASB-CASS/消毒	COD≈3000mg/L；SS≈500mg/L	COD≈60mg/L；SS≈30mg/L	俞林波和许艳，2009
乳品加工废水	滴滤床-接触氧化	COD，948～1426mg/L；NH₄⁺-N，63～117mg/L；SS，540～682mg/L	COD，43～74mg/L；NH₄⁺-N，5～10.8mg/L；SS，12～61mg/L	吴建华和刘锋，2014
冰淇淋、液态奶生产综合废水	隔油-预酸化调节-气浮/UASB-CASS/消毒	COD≈6000mg/L；BOD₅≈3900mg/L；SS≈500mg/L；动植物油≈400mg/L	COD≈90mg/L；BOD₅≈14mg/L；SS≈32mg/L；动植物油≈6mg/L	刘华等，2015
冰淇淋、酸奶及雪糕生产综合废水	曝气调节/水解酸化-气浮-三级接触氧化/斜板沉淀	COD≈2500mg/L；BOD₅≈1500mg/L；SS≈500mg/L；动植物油≈50mg/L	COD，450～490mg/L；BOD₅，267～296mg/L；SS，348～392mg/L	单连斌和于宏静，2015

3.2.3　罐头食品制造废水

罐头食品制造是指将符合要求的原料经处理、分选、修整、烹调（或不经烹调）、装罐、密封、杀菌、冷却（或无菌包装）等罐头生产工艺制成的，达到商业无菌要求，并可以在常温下储存的罐头食品的制造。水果罐头加工废水主要来源于洗涤浸泡、果皮软化、去皮、蒸煮等过程（表 3-13）。废水中含有碱性无机物、水果绒毛、水果碎皮，以及蒸煮时从产品上流失的碳水化合物、糖分、果肉、难降解的果胶等有机物，具有 COD、SS 含量高，可生化性好等特点（郑艳芬等，2012）。

表 3-13　罐头食品制造废水处理工艺及效果概览

类别	主体工艺	原水主要指标	出水主要指标	参考文献
柑橘罐头生产废水	混合调节-气浮/水解酸化-生物选择活性污泥	COD，1170～2564mg/L；SS，142～320mg/L	COD，43～61mg/L；SS，15～20mg/L	张立峰和赵永才，2006
柑橘罐头生产废水	混凝沉淀/水解酸化-接触氧化	COD，813～1154mg/L；BOD_5，425～510mg/L；SS，339～652mg/L	COD，83～95mg/L；BOD_5，18～27mg/L；SS，47～55mg/L	袁松，2010
黄桃罐头生产废水	气浮/UASB-水解酸化-接触氧化	COD，4000～6000mg/L；NH_4^+-N，36～52mg/L；SS，300～800mg/L	COD，42～87mg/L；NH_4^+-N，2～5mg/L；SS，24～66mg/L	郑艳芬等，2012
黄桃、苹果等水果罐头生产废水	沉砂-微滤-气浮/水解酸化-MBBR	COD≈1500mg/L；BOD_5≈730mg/L	COD≈120mg/L；BOD_5≈20mg/L	张心红，2017

国内普遍采用生化工艺为主处理水果罐头废水。浙江宁波某罐头食品有限公司采用"气浮-水解酸化-活性污泥工艺"处理生产废水，处理规模为 2400m³/d，出水水质满足《污水综合排放标准》（GB 8978—1996）中的一级标准，运行成本为 0.92 元/t（张立峰和赵永才，2006）。福建省漳州市某罐头食品有限公司柑橘罐头加工厂采用"混凝沉淀-水解酸化-接触氧化工艺"处理生产废水，处理规模为 2500m³/d，出水水质满足《污水综合排放标准》（GB 8978—1996）中的一级标准，运行成本为 1.16 元/t（袁松，2010）。秦皇岛市某食品有限公司采用"前置气浮-UASB 工艺"处理水果罐头生产废水，处理规模为 360m³/d，出水水质满足《污水综合排放标准》（GB 8978—1996）中的一级标准，运行成本为 0.52 元/t（郑艳芬等，2012）。某水果罐头生产企业采用"水解酸化-MBBR 工艺"处理生产废水，处理规模为 620m³/d，出水指标达到《污水综合排放标准》（GB 8978—1996）中的二级标准（张心红，2017）。

3.2.4 味精制造废水

味精工业是指以淀粉质、糖质等为原料，经微生物发酵、提取、结晶等工艺生产味精的工业。该类工业企业包括从淀粉质、糖质等原料经发酵制备谷氨酸，再由谷氨酸精制生产味精全过程的企业；也包括只从淀粉质、糖质等原料经发酵生产谷氨酸的企业；还包括仅从谷氨酸精制生产味精的企业。

味精企业的生产废水主要包括谷氨酸废水、精制废水和污冷凝水，含有淀粉生产的味精企业还包括淀粉废水（表3-14）。味精企业生产废水的主要污染物是COD、BOD_5、NH_4^+-N 和 TN。

表 3-14 味精制造废水处理工艺及效果概览

类别	主体工艺	原水主要指标	出水主要指标	参考文献
以大米为原料的味精生产综合废水	离交废水：蛋白提取其他废水＋离交废水处理水：混凝沉淀/两级水解酸化-接触氧化	离交废水：COD≈3×10^4mg/L；NH_4^+-N ≈6000mg/L；SO_4^{2-}≈8000mg/L；SS≈5000mg/L 精制废水：COD≈3000mg/L；SS≈1200mg/L 淘米废水：COD≈2500mg/L；SS≈1000mg/L 冲洗废水：COD≈1600mg/L；SS≈1800mg/L 生活污水：COD≈300mg/L；SS≈280mg/L	COD≈682mg/L；NH_4^+-N ≈494mg/L；SS≈228mg/L	沈连峰等，2006
谷氨酸生产废水	酸碱调节/两段好氧-复合生物反应-MBR/砂滤-化学脱氮	COD≈2929mg/L；BOD_5≈1458mg/L；NH_4^+-N ≈520mg/L；SS≈898mg/L	COD≈105mg/L；BOD_5≈78mg/L；NH_4^+-N ≈42mg/L；SS≈65mg/L	史谦等，2012
味精生产废水	沉砂调节-Fe/C 微电解-pH 调节-溶气气浮/两级UBF-曝气-BAF	COD≈1×10^4mg/L；BOD_5≈3500mg/L；SS≈1200mg/L	COD≈70mg/L；BOD_5≈20mg/L；SS≈50mg/L	王五洲和徐宏英，2016

在选择味精废水处理工艺路线时，有淀粉生产的味精企业产生的淀粉废水宜优先考虑综合利用，排出的淀粉废水应与制糖废水混合，并采用以厌氧为主体的工艺预处理后，其出水再与其他废水一起混合进入综合废水处理系统。二级处理

工艺应采用具有脱氮功能的生物处理工艺,并考虑其生物除磷功能 [《味精工业废水治理工程技术规范》(HJ 2030—2013)]。

江苏南通天字味精有限公司采用"水解-酸化法"处理废水,处理规模为2000m³/d,出水稳定达标(沈连峰等,2006)。甘肃某生物科技有限公司采用"好氧生物-复合生物"组合工艺处理谷氨酸生产废水,处理规模为 2600m³/d,出水达到国家《味精工业污染物排放标准》(GB 19431—2004)排放标准,直接水处理费用为 2.13 元/t(史谦等,2012)。某味精企业采用"铁碳微电解-气浮-UBF-BAF"工艺处理味精生产废水,处理规模为 1500m³/d,出水达到国家《味精工业污染物排放标准》(GB 19431—2004)的排放标准,直接运行费用为 1.05 元/t(王五洲和徐宏英,2016)。

3.3　酒、饮料和精制茶制造业

3.3.1　酒类制造废水

1. 酒精制造废水

酒精制造是指用玉米、小麦、薯类等淀粉质原料或用糖蜜等含糖质原料,经蒸煮、糖化、发酵及蒸馏等工艺制成酒精产品的生产活动。酒精工业作为中国工业的组成部分,其产品酒精被广泛应用于食品、化工、医药、染料、国防等领域,是重要的工业原料。酒精制造废水主要含糖类、有机酸、蛋白质和纤维素等物质,具有温度高、呈弱酸性、黏度大、有机物和悬浮物含量高的特点(表 3-15)。

表 3-15　酒精制造废水处理工艺及效果概览

类别	主体工艺	原水主要指标	出水主要指标	参考文献
薯干酒精废水	酒精废醪:沉砂降温-固液分离/水解酸化-UASB-气浮	COD≈3.8×10⁴mg/L;BOD₅≈2.5×10⁴mg/L;SS≈2.4×10⁴mg/L	COD≈115mg/L;BOD₅≈39mg/L;SS≈60mg/L	黄武,2001
	稀废水 + 经初步处理的酒精废醪:SBR	COD≈600mg/L;BOD₅≈300mg/L;SS≈100mg/L		
高浓度酒精废水	酒精糟液:加碱降温-UASB	COD≈4.2×10⁴mg/L;BOD₅≈2.1×10⁴mg/L;SS≈9000mg/L	COD<300mg/L;BOD₅<100mg/L;SS<150mg/L	李梅等,2007
	综合废水(包括经处理的酒糟滤液):气浮/接触氧化-SBR/脱色	COD≈3650mg/L;BOD₅≈850mg/L;SS≈900mg/L		

续表

类别	主体工艺	原水主要指标	出水主要指标	参考文献
废醪液制DDGS工艺废水	调节沉淀/两级UASB-CASS	COD≈2.01×10⁴mg/L；BOD₅≈1.02×10⁴mg/L；SS≈3360mg/L	COD≈45mg/L；BOD₅≈25mg/L；SS≈36mg/L	孙青斌和范毓萍，2012
玉米酒精生产废水	铁碳微电解-曝气调节-混凝沉淀/AF-BAF	COD≈1×10⁴mg/L；BOD₅≈4500mg/L；SS≈1200mg/L	COD≈50mg/L；BOD₅≈20mg/L；SS≈30mg/L	王五洲等，2013
酒糟液制DDGS生产废水	酒糟离心滤液：加碱调节-ABR-斜板沉淀	COD≈7×10⁴mg/L；BOD₅≈3.5×10⁴mg/L；SS≈3.5×10⁴mg/L	COD≈96mg/L；BOD₅≈20mg/L；SS≈48mg/L	程鹏等，2015
	综合废水（包括经处理的酒糟滤液）：曝气调节/UASB-Biolak-微涡旋斜板澄清	COD≈3600mg/L；BOD₅≈1440mg/L；SS≈1500mg/L		

薯干是我国发酵法生产酒精的主要原料，其酒精产量占酒精总产量的40%以上。然而薯干酒糟营养价值偏低，考虑经济因素，薯干糟液多经固液分离回收悬浮固体后直接处理（李克勋等，2005）。以玉米为原料生产酒精时，由于玉米糟液蛋白质含量较高，采用干酒精糟（distillers dried grainswith solubles，DDGS）工艺回收酒糟蛋白饲料具有较高的经济价值，因此玉米酒精生产企业的废水多为DDGS工艺废水。而以谷物、糖蜜为原料生产酒精时，其酒精糟液多采用全蒸发浓缩或全蒸发浓缩加焚烧处理工艺（李胜超，1999；黄志忠和屈泓，2016），因此废水处理方面可不多做考虑。

国内酒精废水处理多采用"预处理-厌氧-好氧工艺"。青岛第一酿酒厂采用"UASB-SBR工艺"处理薯干酒精废水，设计处理规模为515m³/d（其中酒精糟液267m³/d，稀废水248m³/d），出水水质达到《污水综合排放标准》（GB 8978—1996）一级标准，污水处理成本（含设备折旧）为2.0元/t（黄武，2001）。山东某酒厂采用"UASB-接触氧化-SBR工艺"处理酒精废水，设计处理规模为1500m³/d（其中酒精糟液500m³/d，生活废水1000m³/d），出水水质达到《污水综合排放标准》（GB 8978—1996）二级标准，直接运行成本为1.3元/t（李梅等，2007）。河南某酒精厂采用"UASB-CASS工艺"处理酒精废水，处理规模为2500m³/d，出水水质达到《污水综合排放标准》（GB 8978—1996）二级标准，运行费用（含设备折旧）约为2.72元/t（孙青斌和范毓萍，2012）。某酒精生产企业采用"铁碳微电解-混凝沉淀-AF-BAF工艺"处理玉米酒精废水，处理规模为7000m³/d，出水水质达到《污水综合排放标准》（GB 8978—1996）一级标准，直接运行费用为1.05元/t（王五洲等，2013）。河南某酒业公司采用"ABR-UASB-Biolak-深度处理工艺"处理酒精废水，设计处理规模为1440m³/d，出水水质达到《发酵酒精和白酒工业水污染物排放标准》（GB 27631—2011）中表 2 的排放标准，运行费用约 1.52 元/t（程鹏等，2015）。

2. 白酒制造废水

白酒制造是指以高粱等粮谷为主要原料，以大曲、小曲或麸曲及酒母等为糖化发酵剂，经蒸煮、糖化、发酵、蒸馏、陈酿、勾兑而制成蒸馏酒产品的生产活动。白酒工业废水主要源自高浓度的蒸馏锅底水、发酵废水（黄水）、一次洗锅水，以及低浓度的原料浸泡废水、容器管路洗涤水、冷凝水以及生活污水等。废水主要污染物为糖类、醇类、维生素等，水质呈酸性，水质变化较大，且具有 COD、SS 含量高，可生化性较好，成分复杂，色度较深等特点（表 3-16）。

表 3-16　白酒制造废水处理工艺及效果概览

类别	主体工艺	原水主要指标	出水主要指标	参考文献
白酒生产综合废水	高浓度废水：初沉/水解酸化-IC-CASS-BAF/消毒	COD，$1.99 \times 10^4 \sim$ 2.2×10^4 mg/L；NH_4^+-N，$65.4 \sim 86.7$ mg/L；TN，$74.3 \sim 100.6$ mg/L；TP，$44.9 \sim 97.6$ mg/L；SS，$87.2 \sim 95.0$ mg/L	COD，$41.8 \sim 47.2$ mg/L；BOD_5，$17.8 \sim 23.7$ mg/L；NH_4^+-N，$0.32 \sim 1.7$ mg/L；TN，$4.7 \sim 6.7$ mg/L；TP，$0.2 \sim 0.55$ mg/L；SS，$16.0 \sim 23.9$ mg/L	刘斌，2013
	低浓度废水：CASS-BAF/消毒	—		
酿酒工业园综合废水	调节预沉-预酸化/两级 UASB-A/O/混凝沉淀/BAF	COD，2×10^4 mg/L；$BOD_5 \approx 6800$ mg/L；NH_4^+-N ≈ 60 mg/L；SS ≈ 1000 mg/L	COD，$58 \sim 87$ mg/L；BOD_5，$20 \sim 27$ mg/L；NH_4^+-N，$7 \sim 11$ mg/L；SS，$46 \sim 55$ mg/L.	刘伟，2015
白酒生产综合废水	生产废水：混凝沉淀-UASB	COD ≈ 7000 mg/L；$BOD_5 \approx 4000$ mg/L；NH_4^+-N ≈ 75 mg/L；TN ≈ 80 mg/L；TP ≈ 20 mg/L；SS ≈ 2000 mg/L	回用：$BOD_5 \approx 10$ mg/L；NH_4^+-N ≈ 10 mg/L	刘寅等，2017
	生活污水＋经初步处理的生产废水：五级 Bardenpho/(BACF-CMF-消毒)	COD ≈ 250 mg/L；$BOD_5 \approx 150$ mg/L；NH_4^+-N ≈ 25 mg/L；TN ≈ 30 mg/L；TP ≈ 5 mg/L；SS ≈ 200 mg/L	直排：COD ≈ 30 mg/L；$BOD_5 \approx 20$ mg/L；NH_4^+-N ≈ 5 mg/L；TN ≈ 15 mg/L；TP ≈ 0.5 mg/L；SS ≈ 20 mg/L	

白酒废水属于易生化处理高浓度有机废水，国内大部分白酒企业采用厌氧-好氧法工艺处理。四川某大型白酒企业采用"水解酸化-IC-CASS-BAF 工艺"处理白酒废水，处理规模为 450m³/d（其中高浓度废水 250m³/d，低浓度废水 200m³/d），

出水可达到《发酵酒精和白酒工业污染物排放标准》（GB 27631—2011）新建企业水污染物排放限值，处理成本为 3.6 元/t（刘斌，2013）。贵州省某名酒工业园采用"两级 UASB-A/O-BAF 组合工艺"处理白酒生产综合废水，设计处理规模1800m³/d，出水水质满足《发酵酒精和白酒工业污染物排放标准》（GB 27631—2011）新建企业水污染物排放限值，处理成本为 1.94 元/t（刘伟，2015）。某酱香型白酒生产企业采用"五级 Bardenpho/(BACF-CMF-消毒)"处理综合废水，设计处理规模 7000m³/d（其中生产废水 4000m³/d，生活污水 3000m³/d），出水一部分供生产基地回用，其水质达到《城市污水再生利用 城市杂用水水质》（GB/T 18920—2002）；另一部分达标排放，水质满足《发酵酒精和白酒工业污染物排放标准》（GB 27631—2011）中表 3 直接排放限值要求，其中 COD 浓度达到《地表水环境质量标准》（GB 3838—2002）中Ⅳ类水标准。该企业综合废水处理直接运行成本为 1.92 元/t（刘寅等，2017）。

3. 啤酒制造废水

啤酒制造是指以麦芽（包括特种麦芽）、水为主要原料，加啤酒花，经酵母发酵酿制而成，含二氧化碳、起泡、低酒精度的发酵酒产品（包括无醇啤酒）的生产活动。

啤酒制造废水主要来源有：麦芽生产过程，洗麦水、浸麦水、发芽降温喷雾水、麦槽水、洗涤水、凝固物洗涤水等；糖化过程，糖化、过滤洗涤水；发酵过程，发酵罐洗涤、过滤洗涤水；罐装过程，洗瓶、灭菌及破瓶啤酒；冷却水和成品车间洗涤水等（张金菊等，2016）。啤酒制造废水具有有机物、悬浮物浓度高，氮源污染物质较少，同时含有一定量的动植物油、阴离子表面活性剂等特点（表 3-17）。

表 3-17 啤酒制造废水处理工艺及效果概览

类别	主体工艺	原水主要指标	出水主要指标	参考文献
啤酒生产综合废水	初沉-调节预酸化/EGSB-生物接触氧化	COD≈3475.4mg/L；BOD₅≈486.5mg/L；NH₄⁺-N ≈77.5mg/L；磷酸盐≈78.7mg/L；SS≈300mg/L	COD≈66.8mg/L；BOD₅≈15.7mg/L；NH₄⁺-N ≈10.8mg/L；磷酸盐≈2.2mg/L；SS≈27mg/L	王笑冬等，2011
	初沉-调节/CLR-A/O	COD，1756～2014mg/L；BOD₅，940～1146mg/L；NH₄⁺-N，6.2～10.1mg/L；TP，3.1～4.2mg/L；SS，372～653mg/L	COD，26～32mg/L；BOD₅，8.4～13.9mg/L；NH₄⁺-N，1.1～1.7mg/L；TP，0.31～0.45mg/L；SS，23～47mg/L	徐富等，2013
	细筛/水解酸化-UASB-缺氧-接触氧化/斜管沉淀	COD，1000～3000mg/L；BOD₅，600～1500mg/L；SS，600～1000mg/L	COD，86～120mg/L；BOD₅，31～53mg/L；SS，44～78mg/L	陈恺立等，2015

续表

类别	主体工艺	原水主要指标	出水主要指标	参考文献
啤酒生产综合废水	水力筛-曝气调节/UASB-CASS	COD≈3000mg/L； BOD$_5$≈250mg/L； NH$_4^+$-N ≈45mg/L； SS≈300mg/L	COD≈49.1mg/L； BOD$_5$≈5.6mg/L； NH$_4^+$-N ≈0.69mg/L； SS≈13.7mg/L	李晓婷，2016
	水力筛-曝气调节/UASB-SBR	COD，2745~2965mg/L； BOD$_5$，1369~1458mg/L； NH$_4^+$-N，16~19mg/L； SS，769~788mg/L	COD，49~57mg/L； BOD$_5$，12~14mg/L； NH$_4^+$-N，6~8mg/L； SS，35~43mg/L	张金菊等，2016

由于好氧法存在设备占地面积大、能耗高、运行费用高等问题，高浓度啤酒排放废水不宜直接采用好氧法进行处理，因此国内啤酒企业多采用"厌氧＋好氧生化组合工艺"对污水进行处理。宁波某啤酒厂采用"EGSB-生物接触氧化工艺"处理啤酒废水，处理规模为7000m³/d，出水水质能够满足《啤酒工业污染物排放标准》（GB 19821—2005），运行成本为0.49~0.74元/t（王笑冬等，2011）。青岛啤酒（珠海）股份有限公司采用"初沉-调节/CLR（沼气提升内循环厌氧）-A/O工艺"处理啤酒废水，处理规模为3000m³/d，出水水质可达《啤酒工业污染物排放标准》（GB 19821—2005）和《广东省地方标准 水污染物排放限值》（DB 44/26—2001）第二时段一级标准，运行成本为1.26元/t（徐富等，2013）。河北省某啤酒有限公司采用"UASB-接触氧化工艺"处理啤酒制造废水，处理规模为3000m³/d，出水水质满足《啤酒工业污染物排放标准》（GB 19821—2005）预处理要求，运行成本为0.38元/t（陈恺立等，2015）。江西某啤酒厂采用"UASB-CASS组合工艺"处理啤酒废水，设计处理规模为5000m³/d，出水水质能够稳定达到《啤酒工业污染物排放标准》（GB 19821—2005）及《污水综合排放标准》（GB 8978—1996）一级标准，处理成本为1.48元/t（李晓婷，2016）。河南某啤酒有限公司采用"预处理-UASB- SBR工艺"处理啤酒废水，处理规模为3000m³/d，出水水质满足《啤酒工业水污染物排放标准》（DB 41/681—2011）中表2排放标准，运行成本为0.6元/t（张金菊等，2016）。

4. 黄酒制造废水

黄酒是世界上最古老的酒类之一，源于中国，且唯中国有之，与啤酒、葡萄酒并称世界三大古酒。黄酒制造是指以稻米、黍米、黑米、小麦、玉米等为主要原料，加曲、酵母等糖化发酵剂发酵酿制发酵酒产品的生产活动。传统绍兴黄酒生产有明显的季节性，生产旺季一般为10月至次年3月（孙建文等，1998）。黄酒生产的废水主要来自洗涤水、冲洗水、冷却水及压榨发酵成熟醪排出的黄酒糟，富含淀粉、糖类、蛋白质等有机物，属于高浓度有机废水（表3-18）。

表 3-18 黄酒制造废水处理工艺及效果概览

类别	主体工艺	原水主要指标	出水主要指标	参考文献
黄酒生产综合废水	水解酸化-UASB-SBR	COD，5620～8580mg/L；BOD$_5$，3730～5620mg/L；SS，390～1430mg/L	COD，45.9～59.6mg/L；BOD$_5$，42～89.4mg/L；SS，17～26mg/L	孙建文等，1998
酿酒米浆废水	酸化调节/UASB-SBR	COD≈27500mg/L；BOD$_5$≈16300mg/L；SS≈1182mg/L	COD≈893mg/L；BOD$_5$≈546mg/L；SS≈390mg/L	鲁玉龙和祁华宝，2002
黄酒生产综合废水	初沉/UASB-兼氧滤池-生物接触氧化/折流生物过滤	COD≈7187mg/L；BOD$_5$≈5473mg/L；SS≈4150mg/L	COD，51～118mg/L；BOD$_5$，13.9～44.3mg/L；SS，5～50mg/L	刘海亚和朱定松，2005
黄酒生产综合废水	初沉-pH 调节/UASB-AB/气浮	COD，8399mg/L	COD，32.3mg/L	孙建国和邵巍，2006

国内企业处理黄酒制造废水多采用"厌氧 + 好氧工艺"。浙江塔牌绍兴酒有限公司采用"UASB-SBR 工艺"处理黄酒废水，设计处理规模为 150m^3/d，出水水质达到《污水综合排放标准》（GB 8978—1996）二级标准，运行成本为 3.5 元/t（未考虑沼气收益）（孙建文等，1998）。绍兴黄酒集团采用"酸化调节-UASB-SBR工艺"处理酿酒米浆废水，设计处理规模为 100m^3/d，出水水质达到绍兴城市污水处理厂进网水质要求，运行成本为 3.32 元/t（鲁玉龙和祁华宝，2002）。浙江利府酿酒有限公司采用"UASB-接触氧化工艺"处理黄酒生产综合废水，设计处理规模为 40m^3/d，出水水质达到《污水综合排放标准》（GB 8978—1996）二级标准（刘海亚和朱定松，2005）。江苏某酿酒企业采用"UASB-AB 工艺"处理黄酒生产综合废水，处理规模为 800m^3/d（其中高浓度废水 600m^3/d，其他废水 200m^3/d），出水水质能够满足《污水综合排放标准》（GB 8978—1996）一级标准，运行费用为 1.67 元/t（孙建国和邵巍，2006）。

5. 葡萄酒制造废水

葡萄酒制造是指以新鲜葡萄或葡萄汁为原料，经全部或部分发酵酿制成含有一定酒精度的发酵酒产品的生产活动。葡萄酒生产具有明显的季节性，每年的 9～11 月为集中加工期。葡萄酒生产废水来自加工过程中的压榨、发酵、倒罐、过滤及冲洗罐装等工序（表 3-19），主要含有压榨后的葡萄汁、葡萄皮籽的发酵渣、废硅藻土和酒石沉淀等，水质一般呈酸性，COD、SS、色度较高（李金成等，2011）。

表 3-19 葡萄酒制造废水处理工艺及效果概览

类别	主体工艺	原水主要指标	出水主要指标	参考文献
葡萄酒生产废水	高浓度废水：UASB	COD≈4000mg/L；BOD$_5$≈3700mg/L；SS≈450mg/L	COD，79～95mg/L；BOD$_5$，17～25mg/L；SS，60～68mg/L	马可民和曲颂华，1999

续表

类别	主体工艺	原水主要指标	出水主要指标	参考文献
葡萄酒生产废水	低浓度废水＋高浓度废水处理水：水解-接触氧化	COD≈450mg/L；BOD$_5$≈250mg/L；SS≈200mg/L	COD，79～95mg/L；BOD$_5$，17～25mg/L；SS，60～68mg/L	马可民和曲颂华，1999
	调节沉淀/CASS	COD，479～1277mg/L；BOD$_5$，238～561mg/L；NH$_4^+$-N，1.19～2.68mg/L；SS，236～473mg/L	COD，31～69mg/L；BOD$_5$，2.96～6.88mg/L；NH$_4^+$-N，0.03～0.05mg/L；SS，64～72mg/L	买文宁等，2002
	调节/UASB-组合接触氧化	COD，2820～3820mg/L；SS，112～128mg/L	COD，57.6～66.9mg/L；SS，64～72mg/L	朱翠霞和吕建伟，2008
	初沉-水质水量调节/兼氧-接触氧化/砂滤	加工季节：COD，2700～6500mg/L；SS，1200～2000mg/L；色度≥3000 倍 非加工季节：COD，280～1200mg/L；SS，160～1000mg/L；色度，80 倍	COD，39.7～68.8mg/L；SS，11.2～22.3mg/L	李金成等，2011

中国长城葡萄酒有限公司采用"UASB-接触氧化工艺"处理葡萄酒生产废水，设计处理规模为1200m³/d（其中高浓度废水 60m³/d，其他废水 1140m³/d），出水水质能够达到《污水综合排放标准》（GB 8978—1996）一级标准，处理成本为 0.48 元/t（马可民和曲颂华，1999）。某葡萄酒有限公司采用"CASS 工艺"处理葡萄酒生产废水，设计处理规模为1000m³/d，出水水质能够达到《污水综合排放标准》（GB 8978—1996）一级标准，不计折旧费单位直接处理成本为 0.36 元/t（买文宁等，2002）。国内某葡萄酒生产企业采用"UASB-组合接触氧化工艺"处理葡萄酒生产废水，设计处理规模为 200m³/d，出水水质能够达到《污水综合排放标准》（GB 8978—1996）一级标准，运行费用为0.99 元/t（朱翠霞和吕建伟，2008）。山东某葡萄酒生产企业采用"兼氧-接触氧化-砂滤工艺"处理葡萄酒生产废水，设计处理规模为 200m³/d，出水水质能够达到《污水综合排放标准》（GB 8978—1996）一级标准，运行费用为 1.15 元/t（李金成等，2011）。

3.3.2 饮料制造废水

饮料制造是指以新鲜或冷藏水果和蔬菜、鲜乳或乳制品、茶等为原料，加入水、糖等调制而成可直接饮用的饮品的生产活动。饮料废水主要来自制备纯水、加工原料、清洗设备和生产车间地面等产生的废水以及残次品、不合格产品的废液。饮料废水多含糖类和有机酸，因此产生的废水多呈酸性，且有机物、悬浮物含量高，可生化性较好（表 3-20）。例如，百事可乐饮料主剂废水属于典型的碳酸饮料废水，具有气味浓、有机物和悬浮物浓度较高、pH 不稳定及色度大等特点（吴海珍等，2010）；浓缩苹果汁具有黏性大、COD 值高、SS 含量高以及 pH 较低等特点（陈林森，2011）；茶多酚生产废水中氨基酸、糖分、果胶物质、有机酸等成分均为易生物降解物质，但茶多酚具有很强的抑菌性和抗氧化性，浓度较高，生物降解有一定难度（池俊杰和周元祥，2015）。

表 3-20　饮料制造废水处理工艺及效果概览

类别	主体工艺	原水主要指标	出水主要指标	参考文献
百事可乐饮料主剂生产废水	集水调节/水解酸化-一级好氧流化床-二级三重环流流化床/斜管沉淀	COD≈997mg/L；BOD$_5$≈554mg/L；NH$_4^+$-N≈31.5mg/L；SS≈96mg/L；色度≈895 倍	COD≈44.3mg/L；BOD$_5$≈13.6mg/L；NH$_4^+$-N≈2.7mg/L；SS≈8.9mg/L；色度≈28.6 倍	吴海珍等，2010
浓缩苹果汁生产废水	曝气调节-气浮/水解酸化-CASS/组合过滤-消毒	COD，4260~6250mg/L；SS，1914~4176mg/L	COD，60~136mg/L；SS，42~72mg/L	陈林森，2011
果汁饮料、纯净水、牛奶饮料等生产废水	调节-混凝气浮/水解酸化-接触氧化-BAF	COD，1206~2810mg/L；SS，305~816mg/L；TP，1~3mg/L	COD，26~45mg/L；SS，6~8mg/L；TP，0.2~0.4mg/L	潘登等，2013
芦荟果汁生产综合废水	水解酸化-生物接触氧化	COD≈2202mg/L；BOD$_5$≈411mg/L；SS≈904mg/L	COD≈150mg/L；BOD$_5$≈30mg/L；SS≈150mg/L	刘立刚，2015
维生素功能饮料废水	均化调节/UASB-接触氧化/絮凝沉淀	COD≈3000mg/L；SS≈250mg/L；色度≈80 倍	COD≈100mg/L；SS≈70mg/L；色度≈50 倍	梁文钟等，2016
茶多酚废水	调节-混凝沉淀-微电解-芬顿/pH 调节-水解酸化-IC-UASB/气浮/接触氧化	COD≈7500mg/L；BOD$_5$≈4100mg/L；SS≈1500mg/L；色度，1000 倍	COD≈150mg/L；BOD$_5$≈20mg/L；SS≈70mg/L；色度，50 倍	池俊杰和周元祥，2015

百事可乐（中国）有限公司采用"水解-好氧双流化床工艺"处理可乐浓缩液生产废水，设计处理规模为 144m^3/d，出水水质满足《广州市污水排放标准》（DB 4437—1990）新扩改一级排放标准，直接运行费用为 1.49 元/t（吴海珍等，2010）。四川省盐源县恒源果汁有限责任公司采用"混凝气浮-水解酸化-CASS 工艺"处理浓缩果汁废水，处理规模为 1200m^3/d，出水水质可稳定达到《污水综合排放标准》（GB 8978—1996）一级标准，运行成本为 0.79 元/t（陈林森，2011）。甘肃某饮料生产企业采用"气浮-水解酸化-接触氧化-BAF 工艺"处理饮料生产废水，设计处理规模为 900m^3/d，出水水质达到《城镇污水处理厂污染物排放标准》（GB 18918—2002）一级 A 标准，直接运行费用为 1.25 元/t（潘登等，2015）。

某芦荟果汁饮料厂采用"水解酸化-生物接触氧化工艺"处理芦荟果汁生产废水，设计处理规模为 480m³/d，出水水质达到《污水综合排放标准》（GB 8978—1996）二级标准，污水处理费用约为 1.92 元/t（刘立刚，2015）。湖北某饮料企业采用"UASB-生物接触氧化工艺"处理酸性饮料废水，设计处理规模为 1600m³/d，出水水质达到《污水综合排放标准》（GB 8978—1996）一级标准，运行费用为 0.80 元/t（梁文钟，2016）。某药业有限责任公司采用"强化预处理-厌氧-气浮-接触氧化组合工艺"处理茶多酚废水，设计处理规模为 75m³/d，出水水质达到《污水综合排放标准》（GB 8978—1996）二级标准（池俊杰和周元祥，2015）。

3.4　烟草制品业

烟草工业泛指以烟草为原料制成各类烟制品的加工业。烟草制品有卷烟、雪茄烟、丝烟、鼻烟、嚼烟等。其中卷烟的产量最大，耗用烟叶总量 85% 以上，故烟草工业主要指卷烟工业。

造纸法是目前各企业生产烟草薄片所广泛采用的方法，一般每生产 1t 烟草薄片会产生 50～70m³ 高浓度废水。烟草薄片废水不仅包含烟叶、纤维素等悬浮物，具有制浆废水多悬浮物、富营养污染等共性（表 3-21），而且富含烟碱（尼古丁）、高分子有机酸、酯类等溶解性有机化合物，兼具色度高、微生物毒性高等特点（曹盼，2015）。

表 3-21　烟草制造废水处理工艺及效果概览

类别	主体工艺	原水主要指标	出水主要指标	参考文献
卷烟生产综合废水	厌氧-两级接触氧化/（卵石、石英砂和活性炭）过滤-消毒	COD≈691mg/L；BOD$_5$≈203mg/L；NH$_4^+$-N ≈9.28mg/L；SS≈232mg/L	外排水：COD≈15mg/L；BOD$_5$≈8.6mg/L；NH$_4^+$-N ≈1.86mg/L；SS≈68mg/L ——— 回用水（汇入部分地下水）：COD≈30mg/L；BOD$_5$≈12.1mg/L；NH$_4^+$-N ≈1.56mg/L	李育蕾等，2011
烟草生产综合废水	絮凝气浮/水解酸化-曝气-MBR/消毒	COD，300～1500mg/L；BOD$_5$，200～400mg/L；NH$_4^+$-N，10～40mg/L；SS，100～800mg/L	COD≈50mg/L；BOD$_5$≈10mg/L；NH$_4^+$-N ≈10mg/L；SS≈1mg/L	徐冬梅，2012
烟草薄片生产废水	混凝沉淀/IC-卡鲁赛尔2000氧化沟/Fenton脱色-多介质过滤	COD≈11800mg/L；NH$_4^+$-N ≈25mg/L；TP≈2mg/L；SS≈7000mg/L；色度，1×10⁴～2.5×10⁴ 倍	COD≈48mg/L；NH$_4^+$-N ≈5mg/L；TP≈0.4mg/L；SS≈10mg/L；色度≈25 倍	赵应群等，2013

续表

类别	主体工艺	原水主要指标	出水主要指标	参考文献
香烟生产废水	絮凝气浮/水解酸化-接触氧化/斜管沉淀-二氧化氯消毒/砂滤-活性炭吸附-消毒	COD≈563mg/L; BOD$_5$≈236mg/L; NH$_4^+$-N≈26mg/L; SS≈231mg/L; 石油类≈8mg/L	二级处理出水: COD≈63mg/L; BOD$_5$≈15mg/L; NH$_4^+$-N≈10mg/L; SS≈18mg/L; 石油类≈2mg/L 中水系统出水: COD≈38mg/L; BOD$_5$≈8mg/L; NH$_4^+$-N≈8mg/L; 浊度≈4NTU	蒋岸等, 2015

　　目前,国内卷烟厂在污水处理方面已采用的处理方法主要有物化处理、生化处理以及两者相结合的处理等。四川某卷烟企业采用"厌氧-接触氧化工艺"处理烟草生产废水,处理规模为40m³/d,外排水水质达到《污水综合排放标准》(GB 8978—1996)一级标准,回用中水水质达到《城市污水再生利用 城市杂用水水质》(GB/T 18920—2002)绿化要求,运行费用约为3元/t(李育蕾等,2011)。某卷烟厂采用"气浮-水解酸化-MBR工艺"处理烟草废水,处理规模为2000m³/d,出水水质达到《城市污水再生利用 城市杂用水水质》(GB/T 18920—2002)标准并满足厂区回用,运行费用约为2.42元/t(以实际处理水量504m³/d时计)(徐冬梅,2012)。贵州某公司采用"IC-氧化沟-Fenton工艺"处理烟草薄片废水,处理规模为4000m³/d(其中生产废水为3800m³/d,生活污水为200m³/d),出水水质达到《城镇污水处理厂污染物排放标准》(GB 18918—2002)一级A标准,直接运行费用约为2元/t(赵应群等,2013)。芜湖卷烟厂采用"气浮-水解酸化-接触氧化组合工艺"处理卷烟厂废水,处理规模为1500m³/d,其中1000m³/d的二级出水水质执行《污水综合排放标准》(GB 8978—1996)一级标准,500m³/d的中水出水水质执行《城市污水再生利用 城市杂用水水质》(GB/T 18920—2002)再生水回用水质标准,处理成本为0.82元/t(蒋岸等,2015)。

3.5　纺　织　业

　　纺织业是指以棉、毛、麻、蚕茧、化学纤维等为原料进行纺纱加工、缫制成丝,以纱、丝为主要原料进行织物织造加工,以及对织物进行染整精加工等的生产活动的行业。其中,染整加工过程产生的废水是纺织业废水的主要组成部分。

　　染整是指对以天然纤维、化学纤维以及天然纤维和化学纤维按不同比例混纺为原料的纺织材料进行的以化学处理为主的染色和整理过程,又称印染。典型的染整过程一般包括前处理、印染和后整理三道工序，具体有除杂、煮练、退浆、丝光、碱减量、麻脱胶、洗毛、染色、印花、整理等（表 3-22）。

表 3-22　染整废水处理工艺及效果概览

类别	主体工艺	原水主要指标	出水主要指标	参考文献
染整工业园综合废水	混凝沉淀/水解酸化-接触氧化	COD≈1031mg/L；BOD$_5$≈317mg/L；NH$_4^+$-N ≈22.05mg/L；TP≈4.8mg/L；SS≈325mg/L；色度≈313 倍	COD≈154mg/L；BOD$_5$≈45mg/L；NH$_4^+$-N ≈3.5mg/L；TP≈0.5mg/L；SS≈54mg/L；色度≈50 倍	刘俊和闫珍，2015
印染园区综合印染废水	混凝沉淀/水解酸化-好氧/Fenton-混凝沉淀	COD≈2000mg/L；BOD$_5$≈600mg/L；NH$_4^+$-N≈20mg/L；SS≈500mg/L；色度≈500 倍	COD≈75.6mg/L；BOD$_5$≈18.8mg/L；NH$_4^+$-N≈5mg/L；SS≈34mg/L；色度≈25 倍	贾陈忠等，2015
印染废水	混凝沉淀/水解-好氧-MBR/RO	COD≈2000mg/L；色度≈3000 倍；电导率≈8mS/cm	COD＜50mg/L；色度≈15 倍；电导率≈0.5mS/cm	郭海林等，2016
涤纶染色加工废水	混凝气浮/水解酸化-好氧	COD≈985mg/L；SS≈137mg/L；色度≈256 倍；电导率≈2267μS/cm	COD≈182mg/L；SS≈21mg/L；色度≈16 倍；电导率≈3186μS/cm	朱和林和来东奇，2016
印染废水	混凝沉淀/水解酸化-接触氧化/混凝沉淀-O$_3$/BAF	COD≈1160mg/L；SS≈392mg/L；色度≈499 倍	COD≈55mg/L；SS≈18mg/L；色度≈23 倍	何才昌，2017

染整废水氮、磷含量很低，处理工艺一般不考虑脱氮除磷。蜡染和部分使用尿素的工艺废水含氮量较高，应采用脱氮工艺或加强生化污泥回流比；个别采用从磷酸钠为助剂的工艺，则宜清浊分流，在浓废水中加氢氧化钙溶液沉淀磷酸钙[《纺织染整工业废水治理工程技术规范》（HJ 471—2009）]。

国内对染整废水的处理多采用生化工艺或物化、生化组合工艺。某染整工业园采用"预处理-A/O 工艺"处理园区综合废水，设计处理规模为 12500m³/d，出水水质达到《纺织染整工业水污染物排放标准》（GB 4287—2012）（刘俊和闫珍，2015）。湖北省某印染工业园区采用"物化 + 生化组合 + 深度处理组合工艺"处理印染废水，设计处理规模 5×10⁴m³/d，回用率 60%，回用水水质满足《纺织染整工业回用水水质》（FZ/T 01107—2011），外排水水质达到《纺织染整工业水污染物排放标准》（GB 4287—2012）表 1 规定的标准，运行费用为 1.14 元/t（贾陈忠等，2015）。绍兴某印染企业采用"MBR-RO 工艺"处理印染废水，设计处理规模 3000m³/d，回用率 60%，回用水水质高于《纺织染整工业回用水水质》（FZ/T 01107—2011），排水水质达到《纺织染整工业水污染物排放标准》（GB 4287—

2012）中直排标准，运行费用为 6.7 元/t，节省水费 2.3 元/t（郭海林等，2016）。浙江某染整企业采用"混凝-A/O-Fenton-砂滤工艺"处理印染废水，设计处理规模 4000m³/d，回用率 50%（另 2000m³/d 排入附近污水处理厂），排水水质达到《纺织染整工业水污染物排放标准》（GB 4287—2012）中直排标准，运行费用为 2.19 元/t（易利芳等，2016）。萧山某印染厂采用"混凝气浮-水解酸化-好氧生化组合工艺"处理印染废水，设计处理规模为 4500m³/d，出水水质达到《纺织染整工业水污染物排放标准》（GB 4287—2012），运行成本为 2.06 元/t（朱和林和来东奇，2016）。浙江某印染企业采用"混凝-A/O-臭氧-曝气生物滤池工艺"处理生产废水，设计处理规模为 1500m³/d，出水水质达到《纺织染整工业水污染物排放标准》（GB 4287—2012），运行成本为 1.61 元/t（何才昌，2017）。

3.6　皮革、毛皮、羽毛及其制品和制鞋业

皮革、毛皮、羽毛及其制品业是指从事皮革、毛皮鞣制加工，羽毛（绒）加工，以及以加工过的皮革、皮毛、羽毛（绒）为原料（包括但不限于面料、里料或填充物）制成服装、箱包、手套、装饰制品等的生产活动的行业。制鞋业是指从事纺织面料鞋、皮鞋、塑料鞋、橡胶鞋及其他各种鞋的生产活动的行业。其中，制革及毛皮加工过程产生的废水是皮革、毛皮、羽毛及其制品和制鞋业废水的主要组成部分。

皮革鞣制加工是指动物生皮经脱毛、鞣制等物理和化学方法加工，再经涂饰和整理，制成具有不易腐烂、柔韧、透气等性能的皮革的生产活动。其废水主要来自洗皮、脱脂、浸灰脱毛、软化、浸酸、鞣制、加脂染色等工序。而毛皮鞣制加工是指动物生皮经鞣制等化学和物理方法处理后，保持其绒毛形态及特点的毛皮（又称裘皮）生产活动。其废水主要来自浸水、脱脂、浸酸、鞣制、染色、漂洗等工序（李华明等，2016；刘静等，2012），废水产生量随皮毛品种的不同而有所不同（表 3-23 和表 3-24）（虞建华和嵇春红，2017；许青兰等，2015）。

表 3-23　典型制革企业单位生皮综合废水量（HJ 2003—2010）

皮革种类	牛皮	猪皮	山羊皮	绵羊皮
废水量（以生皮计）/(m³/t)	40～75	45～100	45～75	40～75

注：按生皮质量核算：黄牛皮 20kg/张，猪皮（盐）5kg/张，羊皮（盐）3kg/张

表 3-24　典型毛皮加工企业单位生皮综合废水量（HJ 2003—2010）

毛皮种类	羊剪绒（盐湿皮）	水貂（干板）	狐狸（干板）	獭子（盐湿皮）	兔皮（盐湿皮）
废水量（以生皮计）/(m³/t)	70～140	50～90	110～160	80～100	80～110

除毛皮鞣制加工废水含有更高的纤维类物质（如毛屑等）外，制革及毛皮加工废水均具有色度高，悬浮物含量高，成分复杂，含有蛋白质、油脂、染料等有机物和铬、硫化物、氨氮、氯化物等无机盐类的特点（表 3-25）。

表 3-25　制革及毛皮加工废水处理工艺及效果概览

类别	主体工艺	原水主要指标	出水主要指标	参考文献
黄牛皮制品生产废水	制革废水：Cr^{3+}回收-预曝气脱 S^{2-}	$COD \approx 3647mg/L$；$NH_4^+-N \approx 41.02mg/L$；$SS \approx 1064mg/L$；总铬 $\approx 0.133mg/L$；$S^{2-} \approx 584mg/L$	$COD \approx 77mg/L$；$NH_4^+-N \approx 11.01mg/L$；$SS \approx 32mg/L$；总铬 $\approx 0.02mg/L$；$S^{2-} \approx 0.6mg/L$	贾秋平等，2003
	综合废水 + 制革废水处理水：CAF 涡凹气浮-初沉/生物接触氧化/沉降分离强力过滤			
牛皮加工废水	复鞣废水：加药破络	COD，$3468 \sim 5483mg/L$；NH_4^+-N，$241 \sim 335mg/L$；总铬（初鞣原水），$1893 \sim 2655mg/L$；硫化物，$3624 \sim 3985mg/L$	COD，$106 \sim 214mg/L$；NH_4^+-N，$1.13 \sim 2.41mg/L$；总铬（初鞣原水），$0.08 \sim 0.23mg/L$；硫化物，未检出	唐行鹏等，2016
	初鞣废水：pH 调节-（与破络后的复鞣废水一起）混凝沉淀			
	脱灰废水：加碱调节-吹脱			
	浸灰废水：滤毛-$FeSO_4$调节			
	其他废水 + 各预处理出水：综合调节-絮凝沉淀/水解酸化-好氧 1#-缺氧反硝化-好氧 2#			
制革废水	pH 调节-混、絮凝沉淀-pH 调节/UASB-A/O-HBR	$COD \approx 2100mg/L$；$BOD_5 \approx 1030mg/L$；$NH_4^+-N \approx 63mg/L$；$SS \approx 527mg/L$；$SO_4^{2-} \approx 359mg/L$	$COD \approx 237mg/L$；$BOD_5 \approx 69mg/L$；$NH_4^+-N \approx 18mg/L$；$SS \approx 86mg/L$；$SO_4^{2-} \approx 71mg/L$	刘兴，2017
裘皮生产及加工废水	含铬废水：混凝沉淀	$COD \approx 756mg/L$；$NH_4^+-N \approx 24.2mg/L$；$TN \approx 55.6mg/L$；总铬 $\approx 123mg/L$；色度 ≈ 128 倍	$COD \approx 652mg/L$；$NH_4^+-N \approx 21.5mg/L$；$TN \approx 52.3mg/L$；总铬 $\approx 0.16mg/L$；色度 ≈ 64 倍	李华明等，2016
	染色、硝制废水 + 含铬废水处理水：加碱、混凝初沉/水解-接触氧化/强化脱色絮凝沉淀-石英砂过滤	$COD \approx 1684mg/L$；$NH_4^+-N \approx 70.3mg/L$；$TN \approx 94.5mg/L$；总铬 $\approx 1.24mg/L$；色度 ≈ 187 倍	处理站排放口：$COD \approx 106mg/L$；$NH_4^+-N \approx 14.6mg/L$；$TN \approx 33.2mg/L$；总铬 $\approx 0.3mg/L$；色度 ≈ 28 倍	
			回用水水质：$COD \approx 68.5mg/L$；$NH_4^+-N \approx 10.6mg/L$；$TN \approx 30.3mg/L$；总铬 $\approx 0.2mg/L$；色度 ≈ 16 倍	

制革及毛皮加工废水治理工程提倡分类处理和集中处理相结合。含铬废水应先经预处理达标后再与其他废水混合处理，含硫废水和脱脂废水宜进行预处理。

集中处理主要采用生化或生化＋深度处理工艺。沈阳市第一制革厂采用"CAF 涡凹气浮-生物接触氧化工艺"处理制革废水，处理规模为 $30 \times 10^4 m^3/a$，出水指标达到《辽宁省污水和废气排放标准》（DB 21-60—1989）新扩改二级标准，运行成本为 1.15 元/t（贾秋平等，2003）。河北省辛集市某皮革厂采用"物化分流分质-二级 A/O 工艺"处理制革废水，处理规模为 1600m³/d（包括复鞣废水 120m³/d、初鞣废水 120m³/d、脱灰废水 200m³/d、浸灰废水 350m³/d、其他废水 810m³/d），出水指标达到当地工业园区制革区污水处理厂进水标准，运行费用为复鞣废水 6.71 元/t、初鞣废水 5.81 元/t、浸灰废水 0.86 元/t、综合废水 3.15 元/t（唐行鹏等，2016）。浙江某制革企业采用"UASB-A/O-HBR 高效生物组合工艺"处理制革废水，处理规模为 270m³/d，出水水质优于《污水综合排放标准》（GB 8978—1996）二级排放标准，运行费用为 3.8 元/t（刘兴，2017）。浙江某毛皮生产企业采用"混凝初沉-水解酸化-接触氧化-反应终沉-过滤组合工艺"处理毛皮加工废水，设计处理规模为 550m³/d（其中含铬废水 50m³/d，其他废水 500m³/d），各项指标均能达到《制革及毛皮加工工业水污染物排放标准》（GB 30486—2013）的间接排放要求，其中氨氮达到浙江省《工业企业废水氮、磷污染物间接排放限值》（DB 33/887—2013）的要求，运行费用为 2.71 元/t（李华明等，2016）。

3.7　木材加工和木、竹、藤、棕、草制品业及家具制造业

木材防腐、蒸煮、染色、漂白处理，纤维板生产，家具喷漆、电镀处理等过程会产生大量废水。这些废水各自的主要特点如下。

木材防腐是指采用防腐油、煤焦油、重油及砷、铬、铜等化学药剂浸注木材，以抵抗各种生物如真菌、昆虫和海生钻孔动物的侵害（孙念超，2000）。废水中主要含有油类、酚类、重金属等污染物质。

木材蒸煮是为改变木材颜色，减小木材心、边材色差，保持木材自然光泽，缓解木材初始含水率梯度差，降低木材干燥缺陷发生的概率而进行的加工活动，其废水含有大量难以生物降解的木质素，且有机污染物浓度和色度高（表 3-26）。

表 3-26　木材加工和木、竹、藤、棕、草制品制造以及家具制造废水处理工艺及效果概览

类别	主体工艺	原水主要指标	出水主要指标	参考文献
木材防腐综合废水	隔油沉淀/好氧	COD≈133.7mg/L； 油分≈45.9mg/L； 挥发酚≈9.0mg/L； 五氯酚≈7.51mg/L； 硫化物≈1.03mg/L； 砷≈0.007mg/L	COD≈32.4mg/L； 油分≈6.4mg/L； 挥发酚≈0.04mg/L； 五氯酚≈0.13mg/L； 硫化物≈0.33mg/L； 砷≈0.001mg/L	佚名，1981

类别	主体工艺	原水主要指标	出水主要指标	参考文献
木材蒸煮废水	絮凝气浮/水解酸化-MBR/消毒	$COD \approx 1400mg/L$； $BOD_5 \approx 130mg/L$； $NH_4^+-N \approx 60mg/L$； 色度 $\approx 4 \times 10^4$ 倍； $SS \approx 100mg/L$	$COD \approx 19.5mg/L$； $BOD_5 \approx 5.0mg/L$； $NH_4^+-N \approx 0.1mg/L$； 色度 ≈ 3 倍	秦伟杰等，2008
纤维板生产废水	混凝沉淀-预酸化/UASB-SBR	$COD \approx 1.78 \times 10^4mg/L$； $BOD_5 \approx 5450mg/L$； $SS \approx 6300mg/L$； 石油类 $\approx 13.7mg/L$； 挥发酚 $\approx 2.46mg/L$； 甲醛 $\approx 16.4mg/L$	$COD \approx 322mg/L$； $BOD_5 \approx 127mg/L$； $SS \approx 158mg/L$； 石油类 $\approx 3.6mg/L$； 挥发酚 $\approx 0.73mg/L$； 甲醛 $\approx 2.56mg/L$	龙儒彬和孙磊，2013
家具喷漆废水	隔油调节-Fenton-混凝沉淀/SBR/砂滤-活性炭过滤	$COD \approx 3298mg/L$； $SS \approx 536mg/L$； 石油类 $\approx 42mg/L$； 色度 ≈ 358 倍	$COD \approx 91mg/L$； $SS \approx 6mg/L$； 石油类 $\approx 4mg/L$； 色度 ≈ 22 倍	郦青，2016

纤维板生产废水主要来源于水洗工序木片原料的洗涤水和热磨工序木塞螺旋的挤出水，其中含有纤维素、半纤维素、树脂、单宁、果胶质等可溶性有机物，以及大量的泥沙、树皮屑、木屑等机械颗粒及悬浮物（刘华，2002）。废水具有水质随原材料变化大、呈酸性、有机物含量高（包括糖类、木质素以及胶黏剂中的酚类、醛类等）、可生化性较差、SS 含量高等特点（刘晓春，2014；龙儒彬和孙磊，2013）。

家具喷漆废水主要为喷漆车间水帘装置的循环水。由于喷漆过程中水帘装置的循环水吸收喷漆雾，造成循环水浑浊、变质、发臭，影响生产的正常进行，故喷漆房的循环水一定周期就要排放更换。喷漆废水含有大量漆物颗粒、涂料溶剂和助剂等，具有水量、水质波动大，有机物含量高，可生化性较差，色度较高，含有一定量的浮油和乳化油等特点（郦青，2016）。

柳州木材防腐厂采用"隔油沉淀-好氧工艺"处理厂区综合废水，处理规模为 $500m^3/d$（佚名，1981）。大连千秋木业有限公司采用"气浮-水解酸化-MBR 工艺"处理木材蒸煮废水，处理规模为 $80m^3/d$，出水被回用于厂内蒸煮工艺及厂区绿化、冲厕等，运行成本为 1.54 元/t（秦伟杰等，2008）。某纤维板生产企业采用"混凝沉淀-UASB-SBR 工艺"处理纤维板生产废水，处理规模 $240m^3/d$（龙儒彬和孙磊，2013）。杭州萧山某家具生产企业采用"Fenton 氧化-SBR 工艺"处理家具喷漆废水，处理规模 $10m^3/d$，出水水质达到《污水综合排放标准》（GB 8978—1996）一级标准（郦青，2016）。

3.8　造纸和纸制品业

造纸和纸制品制造是指以植物或废纸等为原料经机械或化学方法生产纸浆，以纸浆或其他原料（如矿渣棉、云母、石棉等悬浮在流体中的纤维）经过造纸机或其他设备成型（或手工操作）而制成纸张及纸板，以及以纸张及纸板为原料进一步加工制成纸制品等的生产活动。

制浆造纸废水是在上述这些过程中产生的各种废水的统称，主要包括备料废水、蒸煮废水（碱法蒸煮后废液呈黑褐色，称为黑液；酸法制浆后废液呈红棕色，称为红液）、洗选漂废水（称为中段水）、纸机剩余白水（称为白水）等（表 3-27）。其中以植物或废纸等为原料生产纸浆过程中产生的废水称为制浆废水，以纸浆为原料生产纸张、纸板等产品过程汇总产生的废水称为造纸废水 [《制浆造纸废水治理工程技术规范》（HJ 2011—2012）]。

表 3-27　制浆造纸废水处理工艺及效果概览

类别	主体工艺	原水主要指标	出水主要指标	参考文献
芦苇草浆造纸废水	絮凝沉淀/ABR-Carrousel 氧化沟/超效浅层气浮/氧化塘	COD≈1154mg/L；SS≈490mg/L	COD≈40mg/L；SS≈19mg/L	刘德敏等，2014
再生纸造纸生产废水	浅层气浮/吸附再生-氧化沟/快滤池	COD≈3500mg/L；BOD_5≈1100mg/L；SS≈13500mg/L；色度≈900 倍	COD≈75mg/L；BOD_5≈53mg/L；SS≈3.5mg/L；色度≈60 倍	夏沈阳等，2014
制浆造纸废水	（无硅）化机浆废液：过滤-蒸发-浓缩-碱回收	COD，6000～$1.5×10^4$mg/L；SS＞2000mg/L	COD＜400mg/L	张以飞等，2015
	纸机废水、电厂废水、碳酸钙车间废水 + 化机浆废液经处理后的浊污冷凝水：初沉/缺氧-好氧	COD，1200～1500mg/L；BOD_5＜500mg/L；SS，1300～1600mg/L	COD，38～75mg/L；BOD_5，7.4～18.3mg/L；SS，22～28mg/L	
化机浆、漂白商品木浆制造文化用纸生产废水	初沉/水解酸化-IC-水解酸化-好氧/深度处理剂	COD，3600～4000mg/L；BOD_5，1198～1300mg/L	COD，35.1～41.9mg/L；BOD_5，5.3～14.9mg/L	李伟等，2016
造纸废水	沉砂-纤维回收-化学絮凝沉淀/SBR/机械纤维过滤	COD≈1150mg/L；BOD_5≈320mg/L；SS≈650mg/L	COD≈87mg/L；BOD_5≈19mg/L；SS≈29mg/L	吴扬，2017

黑液是制浆过程中污染物浓度最高的废液，几乎集中了制浆造纸过程 90% 的污染物。每生产 1t 纸浆约排出黑液 10t。它含有大量的烧碱和杂质，并且含有大量木质素和半纤维素等降解产物、色素、戊糖类、残碱及其他溶出物，是一种高

碱性、高 COD、高木质素含量的难降解废水。中段水是在洗浆之后、打浆抄纸之前各个工序中产生的废水，这部分废水水量较大（每生产 1t 纸浆约产生 50～200t 中段水），污染程度较黑液低。白水是抄纸工艺过程产生的含有纤维、填料和化学药品的废水，每生产 1t 纸产生 100～150t 白水。白水含有纤维、颜料、淀粉等物质，污染程度较轻（蔡明亮等，2016）。

黑液通常采用蒸发燃烧碱回收技术处理，该技术已经成熟、可靠，污染物处理彻底，能有效回收碱，已成为目前黑液最主要的处理方式；白水污染负荷较低，以不溶性 COD 为主，易于处理，一般经气浮或过滤处理后循环使用；而中段水由于回用途径有限，只能外排，是造纸废水中最主要的处理对象（彭明江和周筝，2016）。辽宁某造纸厂采用"化学絮凝-ABR-氧化沟工艺"处理草浆造纸废水，设计处理规模 $3.6×10^4 m^3/d$，出水水质达到《制浆造纸工业水污染物排放标准》（GB 3544—2008）的要求（刘德敏等，2014）。湖北保丽纸业有限公司采用"浅层气浮-吸附再生-氧化沟工艺"处理再生纸废水，出水水质可达到《制浆造纸工业水污染物排放标准》（GB 3544—2008）的要求，运行费用为 2.57 元/t（夏沈阳等，2014）。江苏省某纸业公司采用"碱回收法-A/O 法"处理制浆造纸废水（化机浆废液经蒸发浓缩处理后再与其他废水混合进入生化处理系统），设计处理规模 $60m^3/d$，出水水质达到《制浆造纸工业水污染物排放标准》（GB 3544—2008）表 2 标准（张以飞等，2015）。河南江河纸业股份有限公司采用"厌氧-好氧-深度处理工艺"处理制浆造纸废水，设计处理规模 $18895m^3/d$，出水水质满足《制浆造纸工业水污染物排放标准》（GB 3544—2008）的要求（李伟等，2016）。某造纸企业采用"纤维过滤-絮凝-SBR-机械过滤工艺"处理造纸废水，设计处理规模 $3000m^3/d$，出水水质达到《制浆造纸工业水污染物排放标准》（GB 3544—2008）中表 2 规定的排放限值要求（吴扬，2017）。

3.9　医药制造（中药加工）业

中药加工是指对采集的天然或人工种植、养殖的动物和植物的药材部分进行加工、炮制，使其符合中药处方调剂或中成药生产使用的活动。

中药加工废水污染物主要来自药材清洗、蒸煮、浓缩等生产过程中容器清洗水及地面冲洗水（表 3-28），具有水量、水质波动大，成分复杂，药渣悬浮物多，有机物含量高（主要成分如糖类、木质素、纤维素、蛋白质、色素等），一般易于生物降解（B/C 一般在 0.5 以上），色度高等特点（刘琪和刘泽航，2016）。

表 3-28　中药加工废水处理工艺及效果概览

类别	主体工艺	原水主要指标	出水主要指标	参考文献
以中药为原材料的提取、制剂生产、加工综合废水	混凝沉砂/水解酸化-接触氧化 MBR	COD，1200~1500mg/L； BOD$_5$≈300mg/L； NH$_4^+$-N，9~30mg/L； SS，200~300mg/L； 色度≈380 倍	COD≈126mg/L； BOD$_5$≈28mg/L； NH$_4^+$-N≈7.5mg/L； SS≈43mg/L； 色度≈70 倍	苏苏，2014
中药提取生产废水	沉渣-调节-混凝沉淀/ABR-二级接触氧化/化学脱色-沉淀过滤	COD，1458~1685mg/L； BOD$_5$，365~389mg/L； NH$_4^+$-N，52~59mg/L （混凝沉淀池数据）	COD，64~78mg/L； BOD$_5$，12~17mg/L； NH$_4^+$-N，5~7mg/L	陈晓峰，2016
中药加工废水	混合稀释/IC-A/O/预沉/MBR/磁性铁类 Fenton	高浓度废水： COD，2×10^4~2.5×10^4mg/L； NH$_4^+$-N≈50mg/L 低浓度废水： COD，1500~2000mg/L； NH$_4^+$-N≈30mg/L 水洗水： COD≈100mg/L NH$_4^+$-N≈5mg/L	COD，86~95mg/L； NH$_4^+$-N，10.2~12.2mg/L	徐伟等，2016
以中草药为原料的中成药制造综合废水	电解/水解酸化-ABR-三级接触氧化/絮凝沉淀	COD≈4600mg/L； BOD$_5$≈1600mg/L； NH$_4^+$-N≈55mg/L	COD≈42mg/L； BOD$_5$≈18mg/L； NH$_4^+$-N≈11mg/L	刘琪和刘泽航，2016
以鹿茸为原料的保健品制药废水	化粪池-混凝气浮/MBR	COD≈720mg/L； BOD$_5$≈340mg/L； NH$_4^+$-N≈24mg/L； SS≈320mg/L； 油脂≈12.5mg/L	COD≈220.4mg/L； BOD$_5$≈78.5mg/L； NH$_4^+$-N≈14.1mg/L； SS≈80.5mg/L； 油脂≈5.8mg/L	张华，2017

　　某制药企业采用"混凝沉淀-水解酸化-分体式 MBR 组合工艺"处理制药废水，设计处理规模 2000m^3/d，出水指标达到《中药类制药工业水污染物排放标准》（GB 21906—2008）的要求，直接运行成本为 1.11 元/t（苏苏，2014）。某制药企业采用"ABR-接触氧化工艺"处理中药制剂废水，处理规模为 500m^3/d，出水指标低于《中药类制药工业水污染物排放标准》（GB 21906—2008）中表 2 的排放限值，直接运行成本为 1.28 元/t（陈晓峰，2016）。浙江某制药公司采用"IC-MBR-高级氧化工艺"处理高浓度中药废水，设计处理规模为 400m^3/d（其中高浓度废水 120m^3/d，低浓度废水 140m^3/d，另计入出水回流 140m^3/d），出水水质达到 COD≤100mg/L、NH$_4^+$-N≤15mg/L，实际日常运行费用为 4.0 元/t（徐伟等，2016）。西安市某制药厂中药废水采用"电解-水解酸化-ABR-接触氧化-絮凝沉淀组合工艺"处理中药废水，处理规模为 60m^3/d（其中生产废水 50m^3/d，生活废水 10m^3/d），出水各项指标优于《黄河流域（陕西段）污水综合排放标准》（DB 61/224—2011）二级标准，处理费用约为 1.5 元/t（刘琪和刘泽航，2016）。辽宁某企业主要采用

“气浮-MBR 组合工艺”处理以鹿茸、人参为原材料的中药饮片加工废水，设计处理规模为 30m^3/d，出水水质能够达到《辽宁省污水综合排放标准》（DB 21/1627—2008）中的排放标准，可直接排入市政管网，运行费用为 2.25 元/t（张华，2017）。

3.10　橡胶制品业

天然橡胶加工的原材料主要有天然胶乳、胶原凝胶等，这些胶乳原料通过用氨作保存剂、用甲酸作凝固剂，加工生产浓缩胶乳、天然生胶及胶清橡胶。橡胶废水主要来自新鲜胶乳及凝固、稀释、洗涤、压薄等工序脱出的大量乳清，以及造粒车间的冲洗用水等（表 3-29）。天然橡胶加工废水成分复杂，除含橡胶乳清外，还含有蛋白质、有机酸、脂类、糖类等有机污染物以及营养性物质、硫酸根等污染物，可生化性较好（徐文等，2014）。

表 3-29　橡胶制造废水处理工艺及效果概览

类别	主体工艺	原水主要指标	出水主要指标	参考文献
天然橡胶加工废水	加碱曝气调节-混凝沉淀/EGSB-CASS-生物滤池	COD，4019～5179mg/L； NH_4^+-N，89～160mg/L； SS，246～300mg/L	COD，69.3～78.2mg/L； NH_4^+-N，7.43～8.23mg/L； SS，23～29mg/L	姚颋等，2012
浓缩乳胶、胶清胶、凝标胶生产废水	浓缩乳胶＋胶清胶废水：酸化调节-UASB	COD，13900～14200mg/L； BOD_5，6330～6370mg/L； NH_4^+-N，475～509mg/L； SS，826～843mg/L； 石油类，0.49～0.63mg/L	COD，43.5～47.8mg/L； BOD_5，6.4～6.6mg/L； NH_4^+-N，6.4～8.2mg/L； SS，16.5～17.3mg/L； 石油类，0.09～0.11mg/L	符瞰等，2014
	浓缩乳胶、胶清胶废水处理后的尾水＋凝胶级标准胶废水：混合均质/一体化氧化沟	COD，1120～1260mg/L； BOD_5，970～1170mg/L； NH_4^+-N，82～87mg/L； SS，601～689mg/L； 石油类，0.33～0.35mg/L （凝标胶废水入口数值）		
天然橡胶加工废水	乳标胶废水：加碱中和-混凝沉淀/UASB	COD，8200～9600mg/L； NH_4^+-N，330～440mg/L	COD，30～50mg/L； NH_4^+-N，0.5～1.6mg/L	张恺扬，2016
	乳标胶废水处理后的尾水＋凝标胶废水：沉淀-调节-配水/A/O/混凝沉淀-砂滤-消毒	COD，320～580mg/L； NH_4^+-N，20～50mg/L		
天然橡胶加工废水	酸化预处理/UASB-氧化塘-一体化氧化沟	COD，8320～8950mg/L； NH_4^+-N，537～698mg/L； SS，153～192mg/L； 色度，106～128 倍	COD，80～89mg/L； NH_4^+-N，8.3～9.4mg/L； SS，37～52mg/L； 色度，32～35 倍	宁家胜，2016

云南某中外合资天然橡胶制胶企业采用"EGSB-CASS-生物滤池工艺"处理天然橡胶加工废水,设计处理规模为 1500m³/d,出水水质符合《污水综合排放标准》(GB 8978—1996)一级标准,运行成本为 1.3 元/t(姚颐等,2012)。海南省某橡胶厂采用"厌氧-一体化氧化沟工艺"处理橡胶废水,实际处理规模约为 800m³/d,出水能够达到《污水综合排放标准》(GB 8978—1996)一级标准,运行成本为 1.3 元/t(符畋等,2014)。某天然橡胶加工厂采用"中和-沉淀-UASB-A/O-混凝沉淀-砂滤-消毒组合工艺"处理天然橡胶加工废水,设计处理规模为 5200m³/d(其中高浓度乳标胶生产废水 900m³/d,低浓度凝标胶生产废水 4300m³/d),出水水质达到《城市污水再生利用 工业用水水质》(GB/T 19923—2005)中工艺与产品用水标准与《城市污水再生利用 农田灌溉用水水质》(GB 20922—2007)中露地蔬菜标准的要求,运行成本为 1.21 元/t(张恺扬,2016)。广垦橡胶集团茂名加工厂采用"酸化调节预处理-UASB-一体化氧化沟工艺"处理橡胶废水,处理规模为 850m³/d,出水能够达到《广东省地方标准水污染物排放限值》(DB 44/26—2001)(宁家胜,2016)。

第4章 沈阳辉山农副产品加工园区概况

沈阳辉山经济技术开发区成立于 2002 年，位于沈阳市北部沈北新区境内，蒲河沈阳段上游，规划面积 12km²，是辽宁省的省级农业高新技术开发区，以及国家农业部首批批准命名的"国家级农产品深加工示范基地"。随着国家农业现代化进程的推进，园区开始引进美国百事可乐，韩国希杰，辉山乳业、蒙牛、伊利、南京雨润等农产品精深加工企业，其中包括世界 500 强企业 3 家、国家级农业产业化龙头企业 8 家。经多年发展，园区规模逐步扩大，至 2011 年区域面积增加至 89.8km²，国内生产总值达到 179 亿元，比成立之初的 2002 年增长 72 倍，已成为沈阳经济区新型工业化重要发展区域。

随着农副产品加工行业的集聚、生产规模的扩张，该园区废水排放量逐渐增多，2012 年废水排放量为 1095 万 t，占全市工业废水排放量的 14.2%，已显著改变区域工业废水结构。由于蒲河上游生态用水匮乏，除了棋盘山水库泄水以外，园区污水处理厂尾水是河道补水的重要水源，给区域水环境带来巨大压力。

4.1 农副产品加工园区企业构成

农副产品加工业是浑河中游的新兴产业，辉山农副产品加工园区汇集了乳制品生产、肉食品加工、玉米深加工、酿酒饮料生产、食品制造等产业框架。通过实地调研，园区现有 92 家企业，如图 4-1 所示。企业主要涉及行业为液体乳及乳制品加工业、屠宰及肉类加工业、饮料制造业、玉米深加工业、食品制造业、金属冶炼及压延加工业、塑料制品业、橡胶制品业、专用设备制造业、汽车制造业、家具制造业、机械制造业、金属工具制造业、医药制造业、造纸及印刷品业、服务业、餐饮业、石材加工业、制造业、印刷专用设备制造业、纺织业及其他行业。

从农副产品加工园区的企业规模来看，大型企业 5 家、中型企业 12 家、中小型企业 7 家、小型企业 68 家。图 4-2 为农副产品加工园区企业规模分布图，可知小型企业数量居多，占 74%。

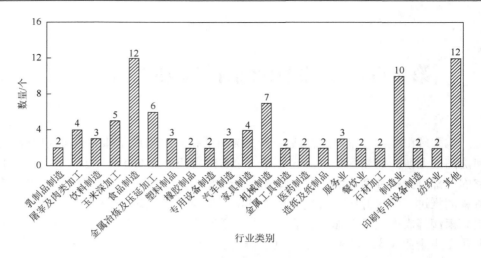

图 4-1　农副产品加工园区农副产品加工行业分布图

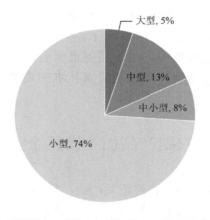

图 4-2　农副产品加工园区企业规模分布图（见书后彩图）

4.2　企业污水处理设施建设与运行现状

4.2.1　污水处理设施建设现状

在调查的 92 家企业中，污水排放量超过 200t/d 的企业共 38 家，建有污水处理设施的企业有 18 家，约占被调查企业总数的 20%（表 4-1），18 家企业中大型企业 5 家、中型企业 7 家、小型企业 6 家。

表 4-1　建有污水处理设施的企业情况

序号	公司名称	行业类型	企业规模	产品名称	设计年产量	排水量/(t/a)	污水处理能力/(t/d)	排水去向
1	蒙牛乳业（沈阳）有限责任公司	液体乳及乳制品制造	中型	牛奶制品	36×10^4 t	1.35×10^6	4000	南小河污水处理厂
2	辽宁伊利乳业有限责任公司	液体乳及乳制品制造	中型	原味优酸乳	2.77×10^4 t	47×10^4	2000	蒲河北污水处理厂
3	辽宁千喜鹤食品有限公司	屠宰及肉类加工	大型	冷鲜肉	100 万头	28.4×10^4	1500，中水利用，锅炉除尘，绿化	蒲河北污水处理厂
4	沈阳福润肉类加工有限公司	屠宰及肉类加工	大型	冷鲜肉、分割肉、肉食品	3.5×10^4 t、1.5×10^4 t、1.2×10^4 t	102×10^4	3000	蒲河北污水处理厂
5	沈阳新辉肉禽有限公司	屠宰及肉类加工	中型	热加工禽肉制品	4000t	7.4×10^4	200	蒲河北污水处理厂
6	沈阳华美畜禽有限公司	屠宰及肉类加工	中型	肉鸡分割品	5000t	2.7×10^5	800	南小河污水处理厂
7	德琪食品（沈阳）有限公司	酿酒饮料制造业	小型	饮乐多	1.5×10^6 L	5000	170	蒲河北污水处理厂
8	沈阳燕京啤酒有限公司	酿酒饮料制造业	中型	燕京啤酒	2×10^5 m³/a	21×10^4	2500，绿化	蒲河北污水处理厂
9	沈阳百事可乐饮料有限公司	酿酒饮料制造业	大型	碳酸软饮料、非碳酸饮料	2.03×10^5 t、4.84×10^4 t	6.35×10^5	2000，车间清洗	蒲河北污水处理厂
10	沈阳好利来食品有限公司	食品制造业	小型	月饼、汤圆	2000t、1500t	2.1×10^4	100	蒲河北污水处理厂
11	沈阳克拉古斯食品有限公司	食品制造业	小型	香肠、盐水肠	500t、1000t	4000	400	蒲河北污水处理厂
12	今麦郎食品（沈阳）有限公司	食品制造业	大型	方便面	3.4×10^4 t	10.3×10^4	400	蒲河北污水处理厂
13	沈阳阿雷食品有限公司	食品制造业	小型	酱猪蹄、酱鸡爪	100t、200t	1.1×10^4	75	蒲河北污水处理厂
14	沈阳老边食品有限公司	食品制造业	小型	饺子、馄饨	1000t	1.2×10^4	50	蒲河北污水处理厂
15	天明（沈阳）酒精有限公司	淀粉及淀粉制品的酿造	中型	淀粉	40 万 t	暂停产	5500	蒲河北污水处理厂
16	沈阳市超高真空应用技术研究所	专用设备制造业	小型	非标真空装备	35 台	2500	6，化粪池，膜生物反应器，利用	—
17	辽宁宝树包装有限公司	造纸及纸制品业	中型	纸箱	5×10^7 m²	9600	50	蒲河北污水处理厂
18	希杰（沈阳）生物科技有限公司	玉米深加工	大型	赖氨酸	1×10^5 t	8.91×10^6	3×10^4	蒲河北污水处理厂二期

18 家企业集中在屠宰及肉类加工、饮料制造、食品制造、玉米深加工、纸制品等。其中，乳制品企业 [蒙牛乳业（沈阳）有限责任公司、辽宁伊利乳业有限责任公司] 2 家、屠宰及肉类加工企业（辽宁千喜鹤食品有限公司、沈阳福润肉类加工有限公司、沈阳新辉肉禽有限公司、沈阳华美畜禽有限公司）4 家、酿酒饮料制造企业 [德琪食品（沈阳）有限公司、沈阳燕京啤酒有限公司、沈阳百事可乐饮料有限公司] 3 家、食品制造企业 [沈阳好利来食品有限公司、沈阳克拉古斯食品有限公司、今麦郎食品（沈阳）有限公司、沈阳阿雷食品有限公司、沈阳老边食品有限公司] 5 家、淀粉及淀粉酿造企业 [天明（沈阳）酒精有限公司] 1 家、造纸及纸制品企业（辽宁宝树包装有限公司）1 家、玉米深加工企业 [希杰（沈阳）生物科技有限公司] 1 家、专用设备制造企业（沈阳市超高真空应用技术研究所）1 家。

4.2.2　污水处理设施运行现状

根据企业排放污水类型来看，多为可生化性好的高浓度有机物废水，污水处理采用工艺一般为物化与生化组合处理工艺，物化处理工艺以气浮、隔油为主，生化处理以 UASB、SBR 和接触氧化法为主（图 4-3～图 4-5）。园区重点行业企业污水处理效果良好，处理后的出水可满足排入园区污水处理厂要求。

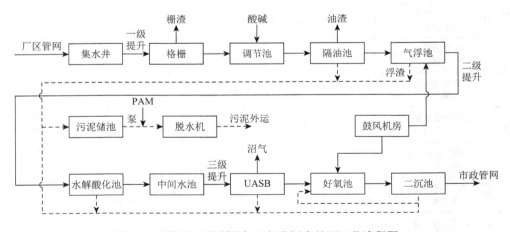

图 4-3　液体乳及乳制品加工行业污水处理工艺流程图

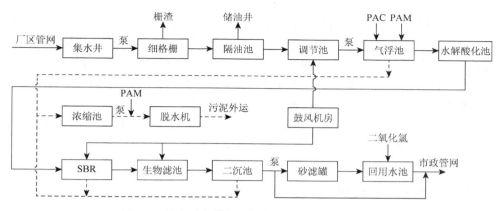

图 4-4　屠宰及肉类加工行业污水处理工艺流程图

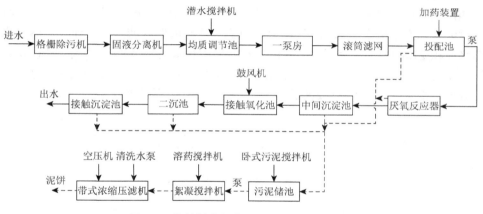

图 4-5　饮料制造行业污水处理工艺流程图

4.3　园区污水处理厂

截至 2013 年，沈阳辉山农副产品加工园区共建有三座污水处理厂，包括南小河污水处理厂、蒲河北污水处理厂和辉山河污水生态处理厂，污水总处理能力为 3.5×10^4 t/d。

4.3.1　南小河污水处理厂

南小河污水处理厂坐落于蒲河新城西南部，南小河的下游，占地 14 亩（1 亩 ≈ 666.67m²），2005 年 10 月投产运行。其主要汇水区域范围为：西起乐业街，东至人和街，南起三环路，北起裕农路。汇水面积 4.9km²，配套管网 12.2km²。

　　南小河污水处理厂设计处理能力为 $1×10^4m^3/d$，采用预处理 + 浮动生化床 + 斜管沉淀工艺，这种工艺的特点是在生化池中按比例投入生物载体，因此对水量和水质的适应性较强，抗冲击负荷能力大，处理的有机负荷量高。

　　南小河污水处理厂实际处理水量为 5000～9000 m^3/d，其中沈阳乳业有限责任公司和沈阳华美畜禽有限公司排放水量占 60% 以上。

　　南小河污水处理厂处理后水质可以达到《城镇污水处理厂污染物排放标准》（GB 18918—2002）二级排放标准，排放至南小河。

4.3.2　蒲河北污水处理厂

　　蒲河北污水处理厂位于蒲河新城蒲河镇大蔡台子村以南，占地 4.2hm²，其中一期建设规模为 $2×10^4m^3/d$，二期建设规模为 $5×10^4m^3/d$。该污水处理厂主要接纳黄泥河以东、裕农路以北、沈哈高速以西、蒲河以南区域内的工业及生活污水，汇水面积 27.8km²，配套管网 5.4km。该厂采用预处理 + A^2O（厌氧-缺氧-好氧）法 + 高密度沉淀池 + 深度处理工艺（图 4-6），出水达到《城镇污水处理厂污染物排放标准》（GB 18918—2002）一级 A 标准后排放至蒲河。

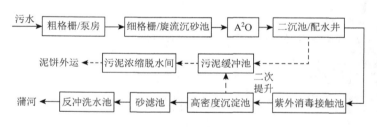

图 4-6　蒲河北污水处理厂工艺流程图

4.3.3　辉山河污水生态处理厂

　　辉山河污水生态处理厂收集的污水主要为东部多层生活服务园区、教育、行政及文化中心的生活污水，涉及 10 余个生活小区及辽宁广播电视大学等 8 所学校，汇水面积 24km²。

　　该污水处理厂设计处理规模 5000 m^3/d，采用预处理 + 浮动生化池 + 潜流构筑湿地工艺（图 4-7），出水可达《城镇污水处理厂污染物排放标准》（GB 18918—2002）中一级 A 标准。

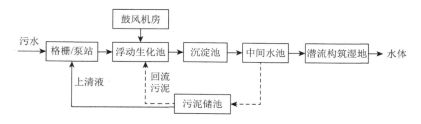

图 4-7　辉山河污水生态处理厂工艺流程图

4.4　农副产品加工园区污水排放分析

4.4.1　园区排水量分析

农副产品加工园区污水排放量大的重点行业突出，由图 4-8 可以看出，园区企业主要集中在液体乳及乳制品加工、屠宰及肉类加工、饮料制造行业，废水量占园区总排水量的 53%，三个行业废水排放百分比依次为 24.3%、17.4% 及 11.3%。

从园区污水处理厂污水收集情况来看，进入南小河污水处理厂的污水量约 274 × $10^4 m^3/a$，其中，沈阳华美畜禽有限公司约 27 × $10^4 m^3/a$，占 9.8%；蒙牛乳业（沈阳）有限责任公司约 135 × $10^4 m^3/a$，占 49.3%；沈阳小俊男食品工业有限公司等其他小型企业排水约 112 × $10^4 m^3/a$，占 40.9%。

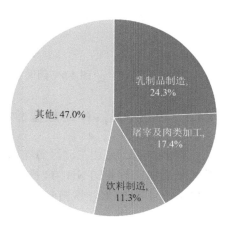

图 4-8　农副产品加工园区排水量分析
（见书后彩图）

进入蒲河北污水处理厂的污水量约 475 × $10^4 m^3/a$，其中，辽宁伊利乳业有限责任公司约 47 × $10^4 m^3/a$，占 9.9%；以沈阳福润肉类加工有限公司为龙头的屠宰及肉类加工业 3 家，排水量约 137.8 × $10^4 m^3/a$，占 29.0%；以沈阳燕京啤酒有限公司和沈阳百事可乐饮料有限公司为龙头的酿酒饮料加工业 3 家，排水量约 85 × $10^4 m^3/a$，占 17.9%。三个行业的污水量占进入蒲河北污水处理厂总污水量的 56.8%。

4.4.2　园区 COD 排放量分析

辉山农副产品加工园区每年 COD 产生量约为 2399.5t。由图 4-9 可知，屠宰及肉类加工行业 COD 排放量占园区排放 COD 总量的 7.6%,液体乳及乳制品加工行业占 5.3%,饮料制造行业 COD 排放量仅占 2.1%。

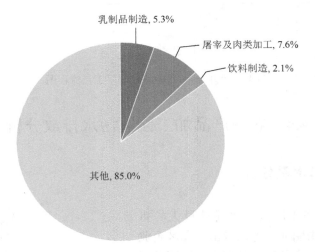

图 4-9　园区 COD 排放量分析（见书后彩图）

4.4.3　园区 NH_4^+ -N 排放量分析

辉山农副产品加工园区每年 NH_4^+-N 产生量为 88.86t。由图 4-10 可知，液体乳及乳制品加工行业的 NH_4^+-N 排放量占园区排放 NH_4^+-N 总量的 13.1%，屠宰及肉类加工行业占 5.2%，饮料制造行业占 2.1%。

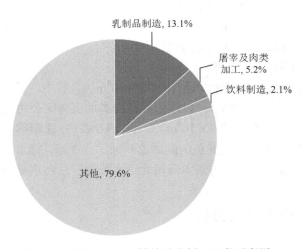

图 4-10　园区 NH_4^+-N 排放量分析（见书后彩图）

　　由此可知，液体乳及乳制品行业、屠宰及肉制品行业、饮料制造行业是辉山农副产品加工园区的重点排水行业，排水量达到园区总量的 53%。三个行业排放的 COD 占到园区 COD 排放总量的 15.0%，NH_4^+-N 排放量占到园区 NH_4^+-N 排放总量的 20.4%。

第5章 园区典型企业生产与污水处理概况

5.1 辽宁千喜鹤食品有限公司

5.1.1 企业生产内容及规模

辽宁千喜鹤食品有限公司位于沈阳市沈北新区宏业街 16 号（图 5-1），公司年生产 360 天。

图 5-1 辽宁千喜鹤食品有限公司

公司 2010 年的屠宰量为 67 万头，2011 年的屠宰量为 60 万头，2012 年的屠宰量为 52 万头。产品包括白条、分割肉、屠宰副产品三大类一百多种规格品种，详见表 5-1。

表 5-1 产品明细表

名称	产量/($\times 10^4$t/a)	明细
白条	1.3	白条
分割肉	0.9	精分割肉、排骨
屠宰副产品	0.4	大排、小排、肋排、腿圈、腿骨、颈排、尾骨、板叉骨、肉排、五花肉、脆骨边、骨节、肉前排、小蹄膀、寸骨、胸骨、去骨后腿、头、蹄、心、肝、肚、肺、大肠、大肠头、色皮、肺心管、猪尾、小肠、口条、蹄筋、小肚、苦胆、肥肠、熟条肉、喉头、食管、舌根、肺气管、肺下料、猪耳朵

5.1.2　生产流程及废水来源

1. 生产工艺流程

生产内容主要包括生猪屠宰加工、猪肉分割加工及副产品加工。整个过程如下。

（1）关键控制点 1（critical control point 1，CCP1）：对进厂的生猪进行三证（检疫合格证明、非疫区证明、运输工具消毒证明）检查。

（2）体表冲淋：把待宰圈里的生猪按要求全部冲洗干净。待宰间如图 5-2 所示。

图 5-2　待宰间

（3）送宰：把待宰圈的健康生猪赶到刺杀班。

（4）电击晕：电压 90～110V，电流 0.5～1A，时间 3～5s。

（5）刺杀放血：刺杀部位准确，割断生猪主静脉血管。

（6）预清洗：把放血后的生猪体表冲洗干净。

（7）头部检验：检查生猪颌下淋巴结。

（8）烫毛：把生猪运至烫毛池中进行热水烫毛。要求水温 60～62℃。

（9）打毛：将热水浸烫过的生猪进行打毛。

（10）换轨道挂猪：把打完毛的生猪转换到另一个轨道。

（11）燎毛：把打完毛的生猪进行 1200℃高温火焰燎毛，如图 5-3 所示。

图 5-3　燎毛

（12）刮毛：把燎完毛后生猪上的黑点及没燎到的地方进行全面清刮。

（13）清洗：对清刮后的生猪进行清洗。

（14）体表检验：根据检验管理制度对胴体的体表进行检验。

（15）雕圈：沿肛门外围用刀（或雕肛器）刺雕成圆形，使直肠括约肌和直肠头周围皮肉脱离猪躯体。

（16）开膛：将猪体腔剖开。

（17）取内脏：对开膛过后的猪体取出内脏，如图 5-4 所示。

图 5-4　取内脏

（18）内脏检验：包括红白脏检验，对红白脏及其淋巴结分别进行检验。

（19）旋毛虫检验：在横隔膜肌脚取一小块肉，先撕去肌膜肉眼观察，再取样进行镜检。

（20）劈半：对猪体按标准进行劈半。

（21）胴体检验：对胴体腰肌及肾脏进行检验，观察体表有无异常，对可疑病猪做标记，推入病猪岔道。

（22）后修整：对猪胴体上有不符合质量要求的部位进行最后修整。

（23）去头蹄：对猪体按操作标准去掉头、蹄。

（24）复检：对猪胴体进行的最后一道检验。

（25）胴体冲淋：对劈半后的猪胴体进行最后一次冲淋。

（26）入快冷间：猪胴体入快冷间循环 90min。

（27）入二次冷却间：把经过快速冷却的猪胴体推进 0～4℃的排酸间进行 10～16h 的排酸。

（28）分割：把经过二次冷却排酸的猪胴体按各项操作标准进行分割。环境温度 12～15℃。

（29）急冻：把分割后的肉品急冻成型。

（30）包装：环境温度 12～15℃。

（31）金属检测：将产品经过金属探测器检测金属。

（32）冻结：把分割过的各项产品推进–28℃以下的急冻间进行冻结。

（33）冷藏：经过急冻的产品放进–18℃以下的冷库进行冷藏。

（34）冷链运输：冷却肉 0～4℃；冷冻肉–18℃。

热分割工艺流程为：合格白条接收→下猪→分割剔骨→产品修整→检验把关→上架冷却→计量→包装→冷冻、冷藏→销售。

冷分割工艺流程为：白条冷却→下猪→4 号锯分段→1 号锯分段→小排锯肋排锯分段→分割剔骨→产品修整→检验把关→分拣→包装→CCP4 金属检测→冷冻、冷藏→销售。

2. 废水来源

企业废水主要排污节点及污染因子见表 5-2。

表 5-2　主要排污节点及污染因子

工序	排放点	排放规律	污染因子
屠宰工艺	载猪车辆冲洗	间歇排放	COD、BOD$_5$、NH$_4^+$-N、SS、TN、TP、动植物油、大肠杆菌
	待宰间冲洗	间歇排放	
	生猪淋浴清洗	连续排放	

工序	排放点	排放规律	污染因子
屠宰工艺	放血	连续排放	COD、BOD$_5$、NH$_4^+$-N、SS、TN、TP、动植物油、大肠杆菌
	预清洗	连续排放	
	蒸汽烫毛	连续排放	
	燎毛后清洗消毒	连续排放	
	封肛、剖腹	连续排放	
	去红白内脏	连续排放	
	劈半	间歇排放	
	胴体冲刷喷淋	间歇排放	
	设备、车间地面冲洗	每班间歇排放	
分割工艺	分段、剔骨、分割、清洗	连续排放	
	设备、车间地面冲洗	每班间歇排放	
副产品加工	分割、清洗	连续排放	
	设备、车间地面冲洗	每班间歇排放	
生活设施	卫生间、洗衣房、浴室、宿舍、食堂等	连续排放	COD、NH$_4^+$-N、动植物油、SS

5.1.3 废水水质水量特征

1. 企业废水污染物浓度分析

对屠宰车间、大肠车间、待宰车间及洗车废水进行 3 次采样监测,检测水质指标为 COD、BOD$_5$、SS、NH$_4^+$-N、TN、TP、动植物油,详见表 5-3。

表 5-3 监测水质平均值   单位:mg/L

采样点	COD	BOD$_5$	SS	NH$_4^+$-N	TN	TP	动植物油
洗车废水	2512.3	812.3	872	181.8	213.9	13.0	196.7
待宰车间	2140.0	738.0	631	218.0	571.8	20.7	58.1
大肠车间	1025.8	356.8	728	28.4	338.7	12.0	88.4
屠宰车间	2917.2	1045.6	608	67.6	272.7	11.3	26.8
混合废水	1107.8	517.8	765	54.1	103.0	21.9	88.8

2. 企业废水主要污染特征

从企业污水的监测数据来看，污水排放有如下特点。

（1）污染物浓度总体较高。洗车废水、待宰车间、大肠车间、屠宰车间及处理前混合污水的 COD 为 1000～3000mg/L、BOD_5 为 350～1050mg/L、SS 为 600～900mg/L、TN 为 100～570mg/L、TP 为 10～22mg/L。

（2）污染物排放的浓度极不均匀，浓度的差别较大与生产的时段有直接关系。

（3）废水的可生化性较好。洗车废水的 $BOD_5/COD = 0.32$、待宰车间的 $BOD_5/COD = 0.34$、大肠车间的 $BOD_5/COD = 0.35$、屠宰车间的 $BOD_5/COD = 0.36$、混合废水的 $BOD_5/COD = 0.47$。

（4）动植物油的浓度很高。作为屠宰废水典型的特征因子，动植物油浓度很高，从而为后续的处理提出了更高的要求。

5.1.4 工艺单元及构筑物

企业污水处理站设计规模为 1400t/d，每日实际处理量为 600～1200t，经污水处理站处理后的污水，达到《肉类加工工业水污染物排放标准》（GB 13457—1992）表 3 中一级要求后排至市政管网，与沈阳辉山经济技术开发区其他生产企业排出的污水在蒲河北污水处理厂进一步处理后，最终进入蒲河。

污水处理工艺流程见图 5-5。厂区各车间工序排水及生活污水通过排水管网进入污水处理站，首先经粗格栅（20mm）、细格栅（5mm）滤出大块漂浮物，进入

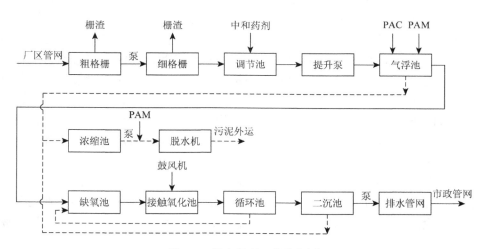

图 5-5 污水处理工艺流程图

调节池，调节池的功能是调节水量、酸碱中和调节水质，以保证后续处理设施进水水量及水质尽量均衡，不造成冲击负荷。调节池后污水经提升泵提升到气浮池，气浮池的功能主要是对污水中的动物油及悬浮物质加以去除，气浮所需的压缩空气由空压机及气压罐提供，所需的混凝剂为 PAC，助凝剂为 PAM，气浮处理后的污水靠位差流入生化处理系统。图 5-6 为气浮池。

图 5-6　气浮池

生化处理系统由两组缺氧池、两组接触氧化池、循环池（内回流）及二沉池组成，污水首先进入缺氧池（两组并联），再进入接触氧化池（两组并联），后流入循环池，循环池内设回流泵，将部分硝化液回流至缺氧池，部分出水进入二沉池进行泥水分离，沉淀后上清液即为处理目标水，经市政管网最终排入蒲河北污水处理厂。缺氧池的功能主要是在缺氧环境下脱氮。接触氧化池的功能主要是去除碳源污染物 COD、BOD_5，并将氨态氮转化为硝态氮以利于脱氮，二沉池的主要功能是泥水分离，去除悬浮物质，缺氧池的搅拌功能由搅拌机实现，接触氧化池的氧气由鼓风机提供，接触氧化池及缺氧池均安装改性软体塑料固定填料。

气浮池产生的浮渣、二沉池产生的剩余污泥靠重力流入污泥浓缩池，再由污泥泵打到污泥脱水机脱水，脱水后的干污泥（含水率 80%）运到填埋场卫生填埋，污泥脱水所需絮凝剂为 PAM，由 PAM 加药装置提供。图 5-7 为污泥脱水机。

图 5-7　污泥脱水机

5.2　沈阳福润肉类加工有限公司

5.2.1　企业生产内容及规模

沈阳福润肉类加工有限公司（以下简称福润公司）位于沈阳市沈北新区宏业街 11 号。福润公司总用地面积 172788m²，建筑面积 28900m²。企业生产线设计屠宰量为 100～600 头/h，最大设计屠宰量为 100 万头/a，年生产 360 天。公司的产品包括白条、分割肉、屠宰副产品三大类几十种规格品种，详见表 5-4。

表 5-4　产品明细表

名称	产量/(×10⁴t/a)	明细
白条	1.8	白条
分割肉	1.25	精分割肉、排骨
屠宰副产品	0.56	大排、小排、肋排、腿圈、腿骨、颈排、尾骨、板叉骨、肉排、五花肉、脆骨边、骨节、肉前排、小蹄膀、寸骨、胸骨、去骨后腿、头、蹄、心、肝、肚、肺、大肠、大肠头、色皮、肺心管、猪尾、小肠、口条、蹄筋、小肚、苦胆、肥肠、熟条肉、喉头、食管、舌根、肺气管、肺下料、猪耳朵

5.2.2　生产流程及废水来源

福润公司生产内容主要包括生猪屠宰加工、生猪分割加工及副产品加工。

1. 生猪屠宰加工

生猪屠宰加工是在流水线上自动完成的，工艺流程如下（图 5-8）。

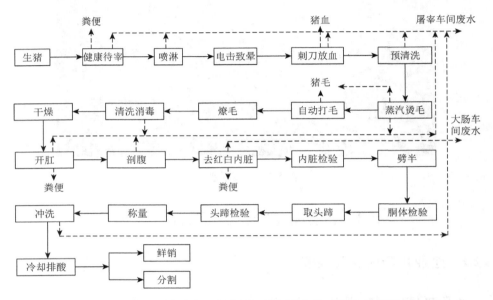

图 5-8　生猪屠宰生产工艺流程及排污节点图（见书后彩图）

（1）生猪待宰：运输卡车在经消毒后，将活猪运进厂，在专用卸车站台卸猪，送入猪待宰栏，存放期间生猪排泄粪尿，清洗猪舍产生废水。

（2）冲淋：对即将进入屠宰线的生猪进行喷淋冲洗，避免将脏物带入屠宰线，此工序有废水产生。

（3）电晕：用米达斯低压高频麻电机将生猪电晕。

（4）放血：被电晕的生猪输送到放血轨道上，将猪体内的血放净，此工序产生猪血。

（5）预清洗：放完血后的猪被送进清洗机内进行预清洗，此工序有废水产生。

（6）蒸汽烫毛：预清洗后的猪被送进全密封的烫毛机中进行烫毛。每头猪的烫毛时间约 7min；排水主要为冷凝水，水中 COD、BOD_5 等污染物浓度较高。

（7）自动打毛：烫完毛的猪被卸入不锈钢滑槽内，进入脱毛机打毛，打毛过程中产生的主要污染物为冲洗水和猪毛。

（8）燎毛：将打过毛的猪人工挂到板式输送机上，送入燎毛炉中，采用燃气将残毛燎净，使胴体表面脱毛率达 100%，并对胴体表面进行高温消毒。

（9）清洗消毒：屠宰输送机将燎过毛的猪的胴体运至水平清洗器清洗消毒，主要污染物为炭黑悬浮物，排水中污染物浓度不会很高。

（10）干燥：消毒后的猪体送至立式拍打干燥系统。

（11）开肛：猪胴体被传送到用于开肛的不锈钢工作台上，切开猪的直肠末端，此工序有猪粪、沾在管壁上的猪粪、肉屑残余物及清洗废水产生。

（12）剖腹、去红白内脏：自动剖腹后，白脏落入悬挂件的白脏盘中，红脏落入不锈钢红脏钩上，去白内脏、红脏需用水清洗，此工序废水主要来自对内脏盘的清洗，主要污染物为内脏夹带的血水、动植物油等，污染物浓度较高。

（13）采样检验：将红白内脏进行取样，经检疫输送机送至检疫室进行旋毛虫检疫。

（14）自动劈半：取出内脏的猪胴体在此处用自动劈半锯，以 450 头/h 的速度自动将猪体分为两扇，此工序有污水产生。

（15）胴体检验：采肉样进行检疫检验。

（16）取头蹄：将猪的头和蹄分别取下，主要污染物为胴体携带的血水、肉屑、骨屑等，污染因子主要为 COD、BOD_5、SS、NH_4^+-N、动植物油等。

（17）取样检疫：进行头、蹄采样检验。

（18）称量：自动计量称量。

（19）冲洗：在屠宰输送线上，成品猪被送入不锈钢猪胴体淋浴器内，对两分体进行淋浴清洗，此工序有废水产生。

（20）冷却排酸：冲洗后的猪两分体被自动送入冷却间进行冷却排酸，冷却排酸工艺采用在 0℃冷却间快速冷却 1.5h。

2. 生猪分割加工

屠宰后的生猪分割加工过程如下。

（1）分段：将从冷却间送来的原料——劈半猪体进行分段。

（2）剔骨：根据不同需求进行剔骨。

（3）分割：将剔骨、分段好的肉制品分门别类计量、装盘。

（4）冻结：计量好的肉盘送入冷冻间急冻。

（5）倒盘装箱：将冻好的猪肉从盘中取出装入包装箱内。

（6）冷藏：将包装好的成品送入冷库内储藏，待出售。

分割加工过程中产生的污染物主要来自猪肉分割时刀具的清洗、消毒器内排出水及一些碎肉屑、碎骨屑。分割加工工艺流程见图5-9。

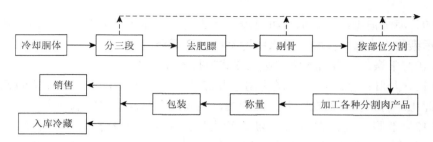

图 5-9　猪肉分割加工工艺流程图

3. 副产品加工

副产品包括排骨、颈排、尾骨、头、蹄、心、肝、肚、肺、大肠等百余种，主要加工工艺及排污节点见图 5-10～图 5-12。

图 5-10　心肝肺加工工艺流程图

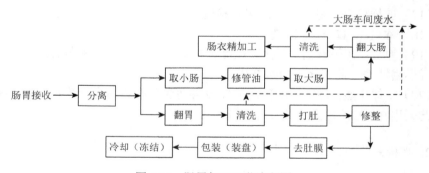

图 5-11　肠胃加工工艺流程图

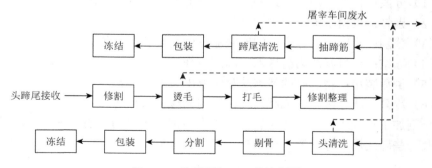

图 5-12　头蹄尾加工工艺流程图

5.2.3　废水水质水量特征

1. 企业废水污染物浓度分析

对屠宰车间、大肠车间、分割车间、深加工车间及生活污水、洗车废水进行 3 次采样监测，监测水质指标为 COD、BOD_5、SS、NH_4^+-N 、TN、TP、动植物油，详见表 5-5。

表 5-5　监测水质平均值　　　　　　　　单位：mg/L

采样点	COD	BOD_5	SS	NH_4^+-N	TN	TP	动植物油
屠宰车间	1032.0	226.6	2601	8.4	17.4	3.1	170.4
大肠车间	1636.3	523.7	638	41.5	99.3	22.6	46.9
分割车间	244.5	45.0	434	15.9	24.6	1.6	4.4
深加工车间	797.3	247.3	260	16.0	62.0	5.3	114.1
生活污水	239.8	151.7	280	18.7	21.2	2.9	27.8
洗车废水	412.5	114.3	1122	18.6	42.5	3.8	9.8

2. 企业废水主要污染特征

（1）屠宰废水呈红褐色或棕褐色，并伴有较浓的腥臭味，废水中含有大量的血污、油脂、动物皮毛、碎骨肉和内脏残渣、粪便以及未消化的食物等污染物。此外，还含有大量的大肠杆菌等与人体健康有关的细菌。

（2）屠宰废水中的营养物主要是氮、磷，其中氮主要以有机物或铵盐的形式存在，而磷主要以磷酸盐的形式存在。

（3）企业废水的可生化性一般。屠宰车间的 $BOD_5/COD = 0.22$、大肠车间的 $BOD_5/COD = 0.32$、分割车间的 $BOD_5/COD = 0.18$、深加工车间的 $BOD_5/COD = 0.31$、洗车废水的 $BOD_5/COD = 0.28$、生活污水的 $BOD_5/COD = 0.63$，企业内部生活污水之外的其他污水的可生化性一般。

5.2.4　工艺单元及构筑物

屠宰废水含有块状的内脏、碎肉、骨屑、猪毛等杂物，污水处理工艺流程见图 5-13。混合污水经由厂区排水管网收集后，首先靠重力流入污水处理站的集水井，以保证后续处理的正常进行。之后，靠潜污泵提升到隔油池进行油水分离，隔油池前设回转式细格栅以滤出杂质，隔油池的功能主要是去除浮油，并有初次沉淀功能。除油后污水靠重力流入地下调节池，调节池的功能是调节水量及水质均化，以减少对后续设施的冲击负荷，调节池的搅拌功能是由曝气来实现的，调节池内设有潜污泵，将污水提升到气浮池。气浮池的功能主要是去除污水中乳化的油脂，其次是去除悬浮物。

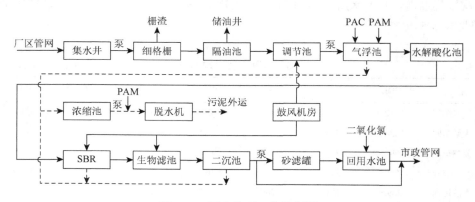

图 5-13　污水处理工艺流程图

气浮后的污水靠位差流入水解酸化池，水解酸化池的功能主要是通过微生物的作用，使污水中复杂的有机物分子水解为相对简单的有机物分子，更有利于微生物的分解与氧化。水解酸化后，污水靠位差流入 SBR 池进行生物氧化，SBR 池处理后的污水靠重力流入生物滤池，对污水做进一步生化处理，生物滤池出水进入二沉池泥水分离，沉淀后出水经中间水池排放至市政管网。

5.3　辽宁伊利乳业有限责任公司

5.3.1　企业生产内容及规模

辽宁伊利乳业有限责任公司（以下简称伊利乳业）位于沈阳辉山农业高新技术开发区宏业街 73 号，东侧为沈哈高速公路，西邻宏业街，南靠辽宁大北农牧业科技有限公司，北侧为空地。企业总用地面积 $8.3 \times 10^4 m^2$，建筑面积 $2.57 \times 10^4 m^2$。伊利乳业生产的各类奶制品约有 20 种，主要生产各种液态奶饮料，设计年可生产高温灭菌类牛奶饮料为 $10.8 \times 10^4 t$，保鲜类奶饮料为 $2.7 \times 10^4 t$，年产量总计为 $13.5 \times 10^4 t$。

5.3.2　生产流程及废水来源

1. 液态奶生产工艺流程

液态奶生产工艺流程及排污节点见图 5-14。

液态奶生产的基本工艺包括冷却、巴氏杀菌及标准化、均质、超高温灭菌、无菌灌装等关键工序。

（1）巴氏杀菌：巴氏杀菌的温度和持续时间关系到牛奶的质量，巴氏杀菌的温度为 95℃，持续时间为 30s。

（2）标准化：目的是保证牛奶中含有规定的各种营养成分。

（3）均质：牛奶均质后，可以防止脂肪上浮现象，均质奶的均质指数应控制在合格的范围内。

（4）超高温灭菌：在超高温灭菌温度（137℃）下持续一定时间（4s）对奶进行灭菌，是超高温灭菌奶的质量和保存期的决定因素。

（5）无菌灌装：经过上述工艺处理后合格的牛奶通过无菌灌装机装入经过灭菌的包装内。

2. 酸奶生产工艺流程

酸奶生产工艺流程及排污节点见图 5-15。

乳酸饮料生产的基本工艺包括杀菌、冷却、配料、无菌灌装等关键工序。其中比液态奶多了一道关键工序，即发酵工序，发酵就是在消毒冷却至 4～5℃的奶内添加乳酸菌后发酵 2～2.5h。

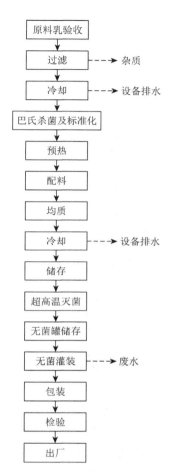

图 5-14　液态奶生产工艺流程及排污节点图

3. 废水来源

企业排水主要为乳制品生产、管道设备清洗和地面清洗排水等，属较高浓度有机废水，主要污染指标是 COD、NH_4^+-N 等；另一种废水主要来自冷却设备排水及蒸汽冷凝水，废水性质为清洁废水，废水主要污染指标为 SS；此外，还有少量的生活污水。

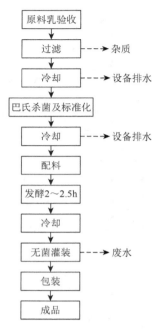

图 5-15 酸奶生产工艺
流程及排污节点图

5.3.3 废水水质水量特征

1. 企业废水污染物浓度分析

乳品加工过程中容器、设备、管道的清洗消毒水构成乳制品加工高浓度废水，其 COD 值高者可超过 20000mg/L，一般也在 5000mg/L 以上。洗涤车间地面水和其他用水（如办公用水、生活用水等）构成低浓度废水，一般 COD 值在 1000mg/L 以下。液态奶生产排放废水 COD 为 1500～3000mg/L，酸奶、冰淇淋生产排放的废水 COD 一般为 4000～7000mg/L。乳品废水主要污染成分为乳蛋白（如酪蛋白、乳清蛋白等）、乳糖、乳脂以及原乳中的各种矿物质和用于设备、管道、容器清洗的酸、碱等，废水 pH 一般为 6.5～7.0。

2. 企业废水主要污染特征

从企业的生产过程调研以及对污水的监测数据来看，乳制品生产随季节变化，废水水质水量也随季节变化，废水量大小不一。废水中可生物降解成分多，含多种微生物，包括致病微生物，废水易腐败发臭。高浓度废水比例高，废水中氮、磷含量高，具体排放特点如下。

（1）废水水量变化大。基于乳制品生产和加工的特点，其废水的水量日波动变化大。根据查阅资料以及企业调研了解到，废水的产生量一般为乳制品加工量的两倍左右。伊利乳业企业的污水产生量为 600～1700t/d。

（2）各项污染物浓度指标变化也较大。乳业生产废水主要来源于：容器、管道、设备加工面清洗所产生的高浓度生产废水，生产车间与场地的清洗用水。废水中的主要有机污染物质有酪蛋白、乳脂肪、乳糖。这些污染物在废水中呈溶解状态或胶体状态。大量高溶解性的有机物使乳制品工业废水的 COD 非常高。经过对企业现场调研及对废水的检测了解到，混合污水的 COD 浓度达到 200～1200mg/L，pH 为 4～13。

（3）可生化性好：乳制品工业废水中的有机物很容易被微生物分解，废水中 BOD_5/COD 值大于 0.5，属于可生化性较好的废水。新鲜废水为乳黄色碱性废水，储存一段时间发酵后呈酸性，会产生大量乳白色浮渣。这类废水易腐化发酵，排入水体使受纳水体富营养化，易引起藻类大量繁殖，消耗水中溶解氧，对水生动物造成危害，使水质恶化，所以排放前必须进行处理。

（4）生物毒性较强。采用生物发光法对污水进行生物毒性的测试。混合废水的生物毒性很强，监测的抑制率平均在 98% 左右，远远高出 90% 的重度毒性的临界点。

（5）奶制品加工厂废水接近中性，有的略带碱性，但在不同时间所排放废水的 pH 变化很大，主要受清洗消毒时所使用的清洗剂和消毒剂的影响。

5.3.4　工艺单元及构筑物

厂区各车间工序排放及生活污水通过厂区管网进入污水处理站，首先进入集水井，再由提升泵提升后进入格栅滤除大块漂浮物后，流入水解酸化池。水解酸化池适用于处理较高浓度的有机污水，集生物降解、物理沉降和吸附为一体，污水中的颗粒和胶体污染物得到截留和吸附，并在产酸菌等微生物作用下得到分化和降解，从而改善了污水的可生化性，能大幅度降低后续处理设施的负荷。水解酸化池后污水流入隔油池，以分离出悬浮油类物质。隔油池后污水靠重力进入调节池，调节池的功能是调节水量及水质，以保证后续处理设施进水水量及水质尽量均衡，不造成冲击负荷，调节池后污水进入投配池，为保证后续 UASB 厌氧反应器的正常工况，在投配池内要调整 pH，调整水温，调整碳、氮、磷等营养剂比例，投配池内设提升泵，将污水打入UASB 厌氧反应器进行厌氧分解及消化，后靠位差流入 CASS 反应池进一步生化处理，CASS 反应池出水即为处理目标水，排入市政管网，最终进入蒲河北污水处理厂。

污水处理站的核心处理技术为生物化学处理，采用厌氧-好氧技术，即 A-O技术，具有处理高浓度有机污水的功能，也具有较强的脱氮功能，UASB 厌氧反应器为厌氧处理核心设备，效率高、污泥少、运行稳定，温度控制在 28～35℃。CASS 反应池为连续序批式活性污泥法设施，运行中分为进水混合缺氧反应、曝气好氧反应、沉淀泥水分离、排水等四步过程，有较强的去除碳源污染物 COD、BOD_5 及脱氮功能。

CASS 反应池所需压缩空气由鼓风机房提供，UASB 厌氧反应器产生的沼气由沼气储罐储存，综合利用处理。两设施排出的污泥靠重力流入污泥储池，再由污泥泵打到带式脱水机脱水处理，污泥外运填埋，脱水工序所需絮凝剂 PAM 由PAM 投药机提供。图 5-16 为污水处理工艺流程图。

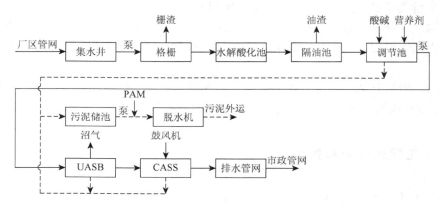

图 5-16 污水处理工艺流程图

5.4 沈阳百事可乐饮料有限公司

5.4.1 企业生产内容及规模

沈阳百事可乐饮料有限公司位于沈阳市辉山农业高新技术开发区辉山大街156 号（图 5-17），东侧为辉山大街，南侧为沈北路，西侧为通威公司，北侧为富

图 5-17 沈阳百事可乐饮料有限公司

士镀铝包装材料厂。企业分两期建设，一期于 2006 年 10 月建设，主要产品为百事可乐碳酸饮料，年产量为 12×10^4t；二期于 2009 年 7 月建设，主要产品为百事可乐系列非碳酸型（果汁）饮料，年产量为 5×10^4t。全厂项目饮料年生产能力达到 17×10^4t。

5.4.2　生产流程及废水来源

1. 碳酸饮料工艺流程

碳酸饮料的生产工艺流程见图 5-18。

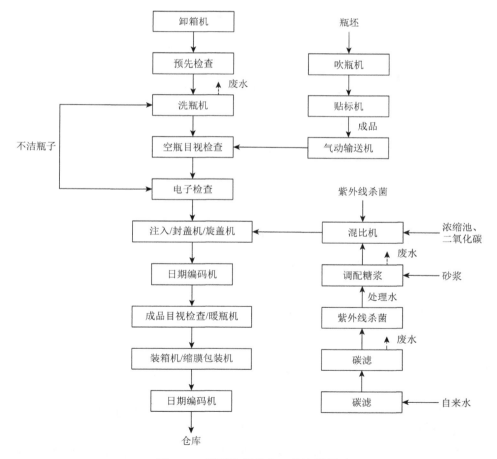

图 5-18　碳酸饮料生产工艺流程图

2. 非碳酸（果汁）饮料工艺流程

非碳酸（果汁）饮料生产的基本工艺包括溶糖、过滤、冷却、调配、均质、超高温灭菌、无菌灌装等程序（图 5-19），其中所用纯水由项目 RO 反渗透水处理设备制得，冷冻果汁的解冻碎冰在均质过程中同时完成，项目灌装用瓶、瓶盖及包装材料等均由相应供货厂家提供。项目各种饮料存放、加工罐体及生产设备每日清洗一次。

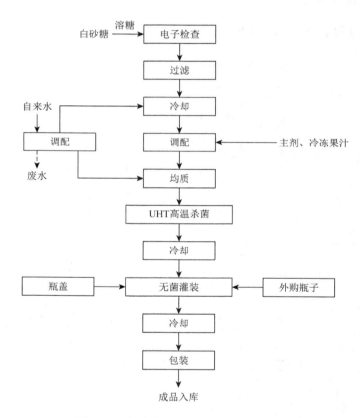

图 5-19　非碳酸（果汁）饮料生产流程图

非碳酸（果汁）饮料生产中废水污染工序与碳酸饮料相同。图 5-20、图 5-21 为车间内饮料的生产过程。

除生产过程中产生的废水外，在企业产生的污水还包括职工食堂产生的餐饮污水和员工日常生活产生的生活污水。

图 5-20　七喜饮料生产过程

图 5-21　美年达饮料生产过程

3. 废水来源

企业排水主要来自以下 4 个方面。

（1）灌装生产线洗瓶机排水，灌装设备、灌装阀及罐装线中未封盖和不符合灌注要求的产品的废弃液。

（2）调配糖浆工序清洗糖浆储灌产生的清洗废水、糖浆制备过程漏料产生的废水及冲洗地面产生的废水。

（3）处理水制备过程产生的反冲洗水。

（4）除生产过程中产生的废水外，在企业产生的污水还包括职工食堂产生的餐饮污水和员工日常生活产生的生活污水。

5.4.3　废水水质水量特征

1. 企业废水污染物浓度分析

饮料制造过程中废水属间歇排放，水质水量极不均匀，混合废水有机物的含量较高，主要污染因子为 COD、BOD_5、NH_4^+-N。沈阳百事可乐饮料有限公司废水大致由三部分组成：碳酸饮料废水、非碳酸（果汁）饮料废水和厂区生活污水。

通常碳酸饮料由糖浆和碳酸水定量配制而成，废水主要来自灌装区的洗瓶水、冲洗水、碎瓶饮料和糖浆缸冲洗水以及设备和地面的冲洗水，COD 浓度为 650～3000mg/L，BOD_5 为 320～1800mg/L，NH_4^+-N 为 4～30mg/L，其中设备和地面的冲洗水水量大，有机物浓度较低且水量较均匀，其排放量占总废水量的 70%。非碳酸（果汁）饮料废水通常包括原料的预处理、打浆、榨汁和浸提、浓缩、杀菌过程排放的废水，各类生产容器、设备及地面的冲洗水，一些中间产品的排泄以及灌装车间泄漏的部分产品，COD浓度为1700~3700mg/L，BOD_5为1200~2900mg/L，NH_4^+-N为5~25mg/L。由监测数据可知，沈阳百事可乐饮料有限公司混合废水COD浓度为1300~2000mg/L，BOD_5为200~270mg/L，NH_4^+-N为10~35mg/L，SS为90~130mg/L，TN为35~90mg/L，TP为1.4~8.0mg/L。

2. 企业废水主要污染特征

从企业调研以及对污水的监测数据来看，饮料废水的排放有如下特点。

（1）饮料废水排放量受季节和产品种类的影响。通常碳酸饮料的单位产品废水产生量为1.0~2.5m³/t，非碳酸（果汁）饮料的单位产品废水产生量为5~26m³/t。

（2）生产废水具有典型的间歇性排放特点，因工艺环节的不同，生产废水水质水量不稳定，污染物浓度和pH不均衡，给废水的处理带来了一定的困难。

（3）污染物浓度较高，属高浓度有机废水。

5.4.4 工艺单元及构筑物

1. 工艺流程

污水处理工艺流程见图5-22。

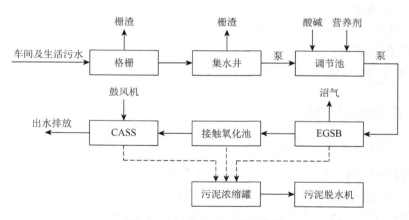

图5-22 污水处理工艺流程图

2. 主要构筑物作用

企业各车间及生活污水通过厂区内管网进入污水处理设施。首先，污水通过格栅滤除大块漂浮物后进入集水井，再由潜污泵提升至调节池，调节池的功能是调节水量及水质，以保证后续处理设施进水水量及水质均衡。调节池后污水进入投配池,为保证后续 EGSB 厌氧反应器的正常工况,在投配池内调整 pH,调整水温,调整碳、氮和磷等营养剂比例。投配池内设提升泵,将污水打入 EGSB 厌氧反应器进行厌氧反应后,靠位差流入接触氧化池内进行好氧生物处理,接触氧化池出水再进入 CASS 反应池进一步生化处理,CASS 反应池出水即为处理目标水,排入市政管网,最终进入蒲河北污水处理厂。

该污水处理设施的核心处理技术为生化处理,采用厌氧-好氧-好氧组合工艺,具有处理高浓度有机污水的功能,也具有较强的脱氮功能。EGSB 厌氧反应器为厌氧处理的核心设备,效率高、污泥少、运行稳定,温度控制在 28~35℃。CASS 反应池为连续序批式活性污泥法设施,运行中分为进水混合缺氧反应、曝气好氧反应、沉淀泥水分离、排水等四步过程,有较强的去除碳源污染物 COD、BOD_5 及脱氮功能。

接触氧化及 CASS 池所需压缩空气由鼓风机房提供,EGSB 反应器产生的沼气排空处理,三设施排出的污泥靠重力流入污泥浓缩罐浓缩,再由污泥泵打到板框脱水机进行脱水处理,污泥外运填埋,脱水工序所需絮凝剂 PAM 由 PAM 投药机提供。图 5-23 为沈阳百事可乐饮料有限公司污水处理站。

图 5-23　沈阳百事可乐饮料有限公司污水处理站

5.5　沈阳燕京啤酒有限公司

5.5.1　企业生产内容及规模

沈阳燕京啤酒有限公司位于沈阳市沈北新区蒲河新城裕农路 58 号(图 5-24),东邻康瑞制药有限公司,南靠裕农路,西依辉山大道,北为消防站及启农路。沈阳燕京啤酒有限公司建设规模为年产啤酒 10×10^4t，其中包括 10°P 普通淡色啤酒 5×10^4t/a，10°P 精品淡色啤酒 5×10^4t/a。最近几年生产的产品种类与企业建设初期的产品种类相比有了较大变化，2012 年生产 11°普通啤酒 5000t、10°普通啤酒 1.5×10^4t、9°普通啤酒 1×10^4t、8°普通啤酒 5000t、8°精品啤酒 5000t。

图 5-24　沈阳燕京啤酒有限公司

5.5.2　生产流程及废水来源

1. 糖化车间

糖化车间生产工艺主要有：原料麦芽和大米经过粉碎、糊化、糖化、过滤、煮沸（添加酒花）、回旋沉淀、冷却后制得冷麦汁。糖化罐以及糖化工艺流程及排污节点见图 5-25 和图 5-26。

图 5-25　糖化罐

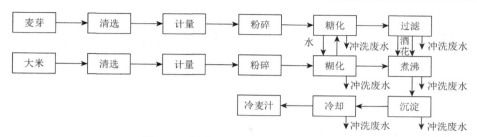

图 5-26　糖化工艺流程及排污节点图

（1）原料加工：原料麦芽、大米经清选、计量后，经湿粉碎机粉碎后送至糊化锅或糖化锅。

（2）糊化：大米、沉淀粉浆泵入糊化锅内，维持一定时间后，升温至 70℃，保温一定时间，最后升温至 100℃，送至糖化锅。

（3）糖化：麦芽经湿粉碎机粉碎后送至糖化锅进行糖化。

（4）过滤：糖化完成后，入过滤槽进行麦汁过滤，过滤开始时，麦汁由泵循环，直至清澈透明，然后泵入煮沸锅。

（5）煮沸：将麦汁泵入煮沸锅内进行低压动态煮沸，煮沸过程分 2～3 次添加酒花，煮沸强度控制在 10%/h。煮沸结束后，将热麦汁送至漩涡沉淀槽。

（6）冷却：进入漩涡沉淀槽的热麦汁经过 30min 的沉淀后，泵入板式热交换器进行冷却，冷却结束后，将冷麦汁送至发酵车间。

糖化车间排污水节点有糖化锅、糊化锅、过滤槽、煮沸锅、沉淀槽洗水排放的冲洗水。采用原位清洗（clean in place，CIP）系统清洗各种槽，其清洗水量在 4～6m³/次。

2. 发酵车间

发酵车间主要生产工序有：冷麦汁经充氧、添加酵母后进锥形罐进行一罐法发酵，发酵液经过过滤后制得清酒，送入罐装车间。发酵车间以及发酵工艺流程及排污节点见图 5-27 和图 5-28。

图 5-27　发酵车间

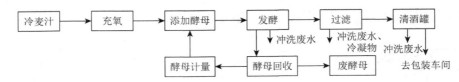

图 5-28 发酵工艺流程及排污节点图

（1）发酵。冷麦汁经充氧、按比例添加酵母后进入发酵罐进行发酵，发酵过程中产生 CO_2 并释放热量，用酒精冷却，严格按发酵曲线进行温度控制，冷却水循环使用。发酵过程中分几次排出酵母。优质酵母送酵母储存罐留作接种用，废酵母进储罐储存待售。所得成熟发酵液送入啤酒加工系统。

（2）发酵成熟液先冷却，再经藻土过滤后送入清酒罐。

（3）CO_2 回收。锥形罐排出的 CO_2，先经除泡、洗涤、压缩后，再经过过滤、干燥、冷凝制成液体 CO_2，储存在液体 CO_2 储罐中，一部分 CO_2 汽化后用于啤酒的洗涤、充气及包装，剩余部分装瓶作为商品出售。

发酵车间的排污水有酵母储存、酵母添加罐、发酵罐、清酒罐、硅藻土过滤机、管路等的冲洗水等。

3. 罐装车间

啤酒罐装生产过程为流水线作业，人工将空瓶箱送进车间，空瓶在洗瓶机内经热碱洗、热水洗、清水洗、蒸汽消毒后，再经罐酒、压盖、杀菌、贴标、装箱、码垛、入库等过程，完成成品啤酒的包装。全部包装均实现机械化和自动控制。啤酒罐装工艺流程及排污节点见图 5-29。

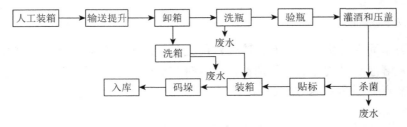

图 5-29 啤酒罐装工艺流程及排污节点图

罐装车间的排污节点有洗瓶、洗箱、灌酒和压盖、杀菌等。

5.5.3 废水水质水量特征

1. 企业废水污染物浓度分析

企业排放的废水包括：糊化水，糖化锅、过滤槽、煮沸锅的洗涤水，发酵罐、过滤器、酵母添加池冲洗水，罐装过程洗瓶水，灭菌水，车间地面及设备洗涤水，办公楼、食堂和宿舍的生活污水。其主要污染因子为 COD、BOD$_5$、SS 和 pH 四项。啤酒行业生产废水排污状况见表 5-6（沈淞涛等，2003）。

表 5-6　啤酒行业生产废水排污状况　　　单位：mg/L

废水种类	COD	BOD$_5$	SS	pH
浸麦水	400～600	200～300	250～400	6.5～7.5
糖化发酵废水	2500～5000	1700～3700	670～2700	5.0～7.0
灌装废水	100～500	60～380	80～160	7.0～9.0
其他废水	170～500	80～400	70～150	6.0～7.0
全厂混合废水	700～1700	500～1300	300～1000	6.0～8.0

2. 企业废水主要污染特征

啤酒废水具有水质复杂、有机物含量较高、废水水量周期性明显等特点，具体特征如下。

（1）啤酒生产过程废水产生量大，特别是酿造、灌装工艺过程，由于大量地使用新鲜水，相应产生大量的废水。

（2）啤酒的生产工序较多，不同工段水质差异大。①冷却水。冷冻机冷却水、麦汁和发酵冷却水等，这类废水基本上没有受到污染，可以循环利用。②清洗水。如大麦浸渍废水、大麦发芽降温喷雾水、清洗生产装置废水、漂洗酵母水、洗瓶机初期洗涤水、酒罐消毒废液、杀菌喷淋水和地面冲洗水等，这类废水受到不同程度的有机污染。③冲渣废水。如麦糟液、冷热凝固物、酒花糟、剩余酵母、酒泥、滤酒渣和残碱性洗涤液等，这类废水中含有大量的悬浮物固体有机物。④灌装废水。在灌装酒时，机器的跑冒滴漏时有发生，还经常出现冒酒，废水中掺入大量残酒。同时更换下来的喷淋水含有防腐剂成分。⑤洗瓶废水。这部分废水含有残余碱性洗涤剂、纸浆、染料、糨糊、残酒和泥沙等。

（3）啤酒废水属于无毒有害的高浓度有机废水，废水的可生化性较好。

（4）啤酒废水中含有大量的淀粉、糖类、脂肪、蛋白质、醇类、纤维素等有机物，通过工艺的处理可回收一部分资源。

5.5.4　工艺单元及构筑物

厂区各车间生产工艺排水及生活污水通过管网收集后进入污水处理站，工艺流程见图 5-30。

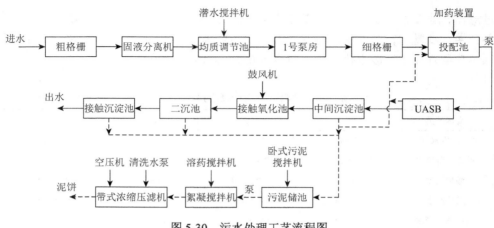

图 5-30　污水处理工艺流程图

首先经粗格栅（$b = 20\text{mm}$）滤除大块漂浮物（图 5-31），再进入固液分离机后进入地下均质调节池，调节池的功能主要是调节水量、均化水质，由潜水搅拌机混合，以保证后续处理设施进水量及水质尽量均衡，不造成冲击负荷。

图 5-31　格栅

调节池后由 1 号泵房将污水提升至二楼的细格栅，进一步去除漂浮物，然后流入投配池，再由 2 号泵房将污水提升进入 UASB 厌氧反应器，为确保 UASB 厌氧反应器的工作条件，在投配池中调整 pH，调整碳、氮和磷等营养成分比例，保证反应的温度。

UASB 为生物处理的核心设备，可高效率地降解有机污染物，污泥产量少，并能将污染物转化为能源沼气。UASB 出水靠位差流入中间沉淀池进行泥水分离，上清液则靠重力流入接触氧化池进一步生物氧化去除 COD、BOD_5 及 NH_4^+-N。接触氧化池所需压缩空气由鼓风机房提供（图 5-32），接触氧化池出水进入二沉池泥水分离，沉淀后上清液流入接触沉淀池，以确保出水有充足的溶解氧。接触沉淀池后，目标水经巴氏计量槽进入排水管网，最终汇入蒲河北污水处理厂。中间沉淀池、二沉池、接触沉淀池产生的污泥汇入污泥储池，再由污泥泵打到污泥脱水间脱水，泥饼（含水率 80%）外运卫生填埋。

图 5-32　鼓风机

　　污水处理站调节池为地下式钢筋混凝土结构，UASB 为独立钢筋混凝土结构、外保温，投配池、中间沉淀池、接触氧化池、二沉池、接触沉淀池均为地面式钢筋混凝土结构，设在室内，防风防晒保温。

5.6　蒙牛乳业（沈阳）有限责任公司

5.6.1　企业生产内容及规模

　　蒙牛乳业（沈阳）有限责任公司（以下简称蒙牛乳业）位于沈阳市沈北新区，东侧为三洋重工，西邻宏业街，南侧为农业用地，北侧为东源供热厂（图 5-33）。蒙牛乳业成立于 2003 年 12 月，总用地面积 $15×10^4m^2$，总建筑面积 $5×10^4m^2$。蒙牛乳业现有两大生产主体车间，其中液态奶车间有 16 条生产线，以生产纯牛奶、酸酸乳、花色奶为主，日产量可达 300t；冰淇淋车间共有 13 条冰淇淋生产线，以生产冰淇淋、雪糕、棒冰为主，日产量可达 270t。

图 5-33　蒙牛乳业（沈阳）有限责任公司

5.6.2　生产流程及废水来源

1. 液态奶生产工艺流程简述

（1）收奶。鲜奶由收奶站集中收购后，再由运奶专用车送到企业奶站，奶站经过检验、称量、净乳、冷却到 4℃后打入奶罐备生产用。整个过程奶的损耗约3%，储存过程中，进行循环冷却，使奶温保持在 4℃左右。

（2）鲜奶预处理。牛奶自储罐用泵打到定量罐，定量后再打到板式换热器预热到 65℃保持 15s 后去均质机均质，以减小脂肪球的颗粒直径并保持分散状态，防止脂肪上浮到表面形成脂肪层。均质后再回到板式换热器加热到 85℃，进行 15s的杀菌，然后打到闪蒸罐进行真空闪蒸，脱水后回到换热器冷却到 4℃，再用奶泵打到储罐。

（3）超高温灭菌和灌装。储罐中的牛乳用泵送到超高温装置灭菌（这一加热杀菌称为超高温瞬间杀菌），在 135～140℃条件下杀菌 2～5s，它的特点是既能照顾牛乳的热敏性，保持其化学性质不遭破坏，又可以完全消灭乳中细菌，然后迅速用冰水冷却至 18～25℃，再由无菌灌装机灌装。

（4）CIP 就地清洗过程。每班生产结束后立即清洗，根据乳品设备分不受热设备和受热设备清洗。其清洗程序为：①自来水冲洗至水变清为止；②用浓度为1.0%～1.5%的碱液清洗，温度为 75～85℃，循环 10min；③用自来水洗掉附着的残留碱液；④对于受热设备每次用浓度为 1.0%～1.5%的硝酸清洗，温度为 75℃，循环 10min；⑤用自来水清洗 10min；⑥用 80～90℃水循环 10min；⑦冷水冷却。

液态奶生产工艺流程如图 5-34 所示。

2. 冰淇淋生产工艺流程

冰淇淋生产工艺流程简述（图 5-35）如下。

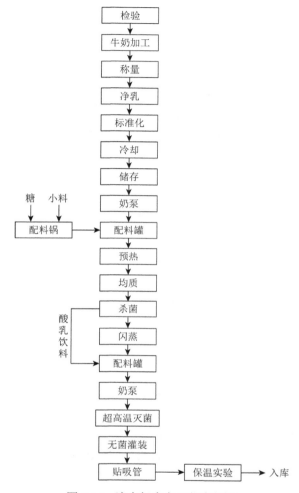

图 5-34　液态奶生产工艺流程图

原奶经处理、计量后去配料,各种产品按其不同的原料比例配料,然后杀菌,在 85℃下保温 15s、均质、老化,在老化缸中加香精、色素,然后凝冻、灌装、加盖、硬化、包装。例如,生产蛋卷冰淇淋时,在硬化后经巧克力涂挂,然后再次硬化、包装、入库、检验、出厂。

3. 废水来源

企业排水主要包括工艺废水、生活污水、地面冲洗废水等,废水产生量为910t/d,其中 40t/d 经过处理后回用,具体如下。

(1)工艺废水。工艺主要排水为:液态奶设备清洗废水约 610t/d,冰淇淋车间排水约 120t/d。因此,总工艺废水约 730t/d。

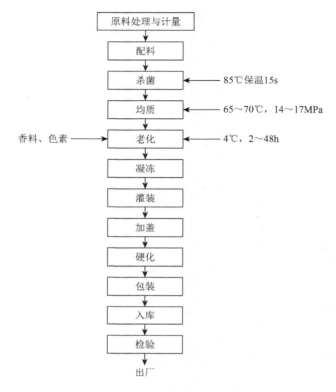

图 5-35　冰淇淋生产工艺流程图

（2）生活污水。企业生活污水量约 160t/d。

（3）地面冲洗废水。产生约 20t/d 的地面冲洗废水。

5.6.3　废水水质水量特征

1. 企业废水污染物浓度分析

乳品加工过程中容器、设备、管道的清洗消毒水构成乳制品加工高浓度废水，其 COD 值高者可超过 20000mg/L，一般在 5000mg/L 以上。洗涤车间地面水和其他用水（如办公用水、生活用水等）构成低浓度废水，一般 COD 值在 1000mg/L 以下。液态奶生产排放废水 COD 为 1500～3000mg/L，冰淇淋生产排放的废水 COD 一般为 4000～7000mg/L。乳品废水主要污染成分为乳蛋白（如酪蛋白、乳清蛋白等）、乳糖、乳脂以及含于原乳中的各种矿物质，用于设备、管道、容器清洗的酸、碱等，废水 pH 一般为 6.5～7.0。

2. 企业废水主要污染特征

（1）废水水量变化大。基于乳制品生产和加工的特点，其废水的水量日波动变化大。企业的污水产生量为 800～1600t/d。

（2）乳制品废水中含有大量的乳蛋白、乳糖、乳脂肪等细小悬浮颗粒和大量油类物质。这些污染物在废水中呈溶解状态或胶体状态。大量高溶解性的有机物使乳制品工业废水的 COD 非常高。

（3）乳品废水中含有的有机氮物质在条件适宜的情况下发生氨化反应，从而使废水中的氨氮浓度增大，TN 浓度非常高。

（4）乳制品加工过程中使用各种酸碱洗涤剂及消毒剂，导致乳制品废水的 pH 波动范围均较大。在乳制品废水中，磷的浓度相对较低，主要以有机物或总磷的形式存在，这些磷主要来自加工过程中跑、漏的乳液或其产品和清洗剂。除此以外，乳制品废水中还有如 Na、K、Ca、Mg 等其他元素存在。

（5）可生化性好。乳制品工业废水中的有机物很容易被微生物分解，废水中 BOD_5/COD 值大于 0.5，属于可生化性较好的废水。

（6）生物毒性较强。采用生物发光法对污水进行生物毒性的测试。饮料混合废水的生物毒性很强，监测的抑制率平均在 98% 左右，远远高出 90% 的重度毒性的临界点。

5.6.4　工艺单元及构筑物

1. 企业污水处理工艺流程

企业污水处理设施设计规模为 4500t/d。该污水处理设施 2004 年开工建设，2005 年投产，2012 年进行升级改造，同时对内部生态环境进行了提升建设。处理后的污水排入市政管网，最终进入城市污水处理。图 5-36 为企业污水处理厂。

图 5-36　蒙牛乳业（沈阳）有限责任公司企业污水处理厂

污水处理工艺流程见图 5-37。

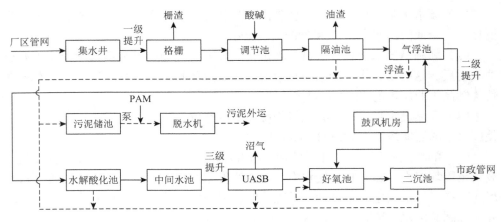

图 5-37　污水处理工艺流程图

2. 主要构筑物及作用

　　厂区车间工序排放的污水、废水及生活污水通过厂区管网汇集，进入污水处理设施。首先进入集水井，然后经一级提升泵提升，通过水力格栅（细格栅）进入调节池。调节池的功能主要是调节水量及水质，尤其是通过投加酸碱调整 pH 到中性，而后进行隔油处理，去除污水中悬浮的油脂，再进入气浮池，以去除乳化油的油脂。除油后，污水经二级提升进入水解酸化池。水解酸化池的功能主要是通过微生物作用，将污水中的有机物进行水解，大分子有机物水解为小分子有机物，使复杂分子变为相对简单的分子，使蛋白质转化为氨基酸，以利于后续生化。水解酸化后，污水靠重力流入中间水池，再经三级提升泵提升，进入 UASB（上流式厌氧污泥床）反应器，进行厌氧分解，厌氧分解的功能是通过厌氧微生物的作用，将污水中有机物分解转化为甲烷和二氧化碳，作用在于大幅度地降解有机物为可利用的能源甲烷及无机物二氧化碳，为后续处理减轻负荷，提高效率。经 UASB 反应器处理后的污水靠位差进入好氧池，在好氧处理阶段，经过异养微生物及自养微生物的共同作用，一方面水中的有机物较彻底地转化为二氧化碳和水，另一方面污水中的氨态氮转化为硝态氮，使污水的污染物指标大大地降低。好氧池后，泥水混合液进入二沉池进行泥水分离，二沉池出水（上清液）已达到处理目标，排入市政管网，二沉池底部污泥大部分作为回流污泥回流到好氧池前端，小部分作为剩余污泥，进入污泥储池，做脱水处理。

　　工艺中产生的格栅栅渣打包外运，做卫生填埋处理，工艺中产生的沼气由管道收集，做火炬燃烧处理。系统中产生的污泥（二沉池剩余污泥、隔油池、气浮池浮渣、调节池底部积泥等）由管路收集进入储泥池，通过带式浓缩脱水一体机脱水，脱水后干污泥外运做卫生填埋。系统中所需压缩空气由鼓风机房提供。

5.7　希杰（沈阳）生物科技有限公司

5.7.1　企业生产内容及规模

希杰（沈阳）生物科技有限公司（以下简称希杰生物）位于沈阳市沈北新区辉山经济开发区沈北路 157 号（图 5-38）。东邻乐业街，南邻布农街，西为黄泥河，北为沈北大道。希杰生物成立于 2006 年 12 月，起初企业名称为沈阳吉隆玉米生化有限公司，占地 66670m^2，是一家以从事生产玉米淀粉及淀粉糖系列产品为主的综合性玉米加工企业。

希杰生物设计加工处理净化玉米能力为 40×10^4t/a，可生产淀粉及淀粉制品为 27×10^4t/a。2011 年，在原设计规模范围内，调整淀粉下游产品门类，建设 10×10^4t/a 赖氨酸、5×10^4t/a 苏氨酸、6000t/a 核苷酸项目。截至 2013 年 6 月，三种产品已基本达到了满负荷生产状态。

图 5-38　希杰（沈阳）生物科技有限公司

5.7.2　生产流程及废水来源

淀粉制备葡萄糖采用双酶法工艺；赖氨酸、苏氨酸及核苷酸生产均采用好氧微生物发酵工艺，且赖氨酸、苏氨酸、核苷酸生产工艺基本相同，均须经过发酵（包括配料系统、流加系统、种子培养系统、发酵罐）和精制（包括浓缩系统、酸化系统、结晶干燥系统、包装）两大过程。

1. 葡萄糖生产工艺流程

葡萄糖生产工艺流程及排污节点见图 5-39。

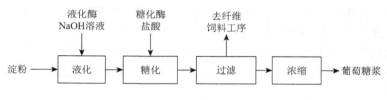

图 5-39　葡萄糖生产工艺流程及排污节点图

（1）粉液化。精制淀粉经计量后送至配料罐，加入氢氧化钠溶液调节 pH 至 6.0 左右，同时连续加入液化酶，通入蒸汽加温，持续升温至 105℃，然后通过连续喷射液化装置充分液化（约 1h），冷却至一定温度，送至糖化工段。

（2）粉糖化。充分液化后的淀粉进入糖化罐，加入盐酸调节其 pH，加入糖化酶，通入蒸汽加温，维持温度在 85℃左右，进行糖化反应。

（3）过滤。充分糖化的糖化液经板式换热器加热，杀菌灭酶后送至板框过滤机进行过滤，除去糖液中的不溶蛋白质和脂肪，滤液流入脱色罐中。板框过滤机排出的滤饼去纤维饲料工序。

（4）浓缩。过滤后的糖化液经板式预热器初步预热后，进入三效蒸发器，浓缩后的糖浆送至糖浆储罐。

2. 赖氨酸生产工艺流程

赖氨酸生产工艺流程及排污节点见图 5-40。

（1）配料。葡萄糖浆泵入配料罐加热至 120℃进行杀菌，冷却至 30～33℃，加入硫酸铵（包括回收分离盐）、硫酸、氢氧化钠等营养源及水。视情况加入消泡剂。

（2）种子培养。培养液自配料罐泵入种子培养罐，在 30～33℃下培养 30h。

（3）主培养。种子培养罐的培养液再泵入主培养罐，通入净化空气、加入液氨，在 30～33℃下培养 60h。

（4）离心分离。用离心分离机对发酵液-菌体进行分离，分离后的发酵液去离

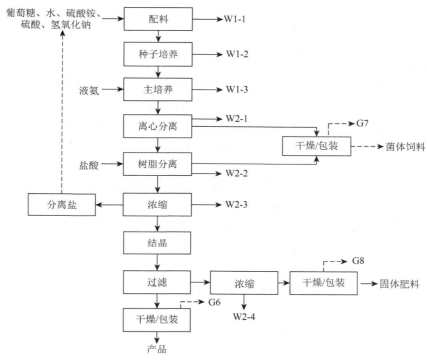

图 5-40　赖氨酸生产工艺流程及排污节点图

G*n*: 废气污染物；W*n*: 水污染物，下同

子交换树脂塔进一步分离，分离出的菌体与树脂分离出的菌体合并，经干燥/包装即为菌体饲料。

（5）树脂分离。上述分离液泵入离子交换树脂塔进一步分离发酵液-菌体，在此加入盐酸以形成 L-赖氨酸盐酸盐，分离出的菌体与离心分离出的菌体合并，经干燥/包装即为菌体饲料。

（6）浓缩。树脂塔出来的分离液用五效蒸发器浓缩，得浓缩液和分离盐（硫酸盐）。浓缩液去结晶工序，分离盐回用至发酵工序。

（7）结晶。上述浓缩液泵入结晶罐，控制温度约 60℃进行结晶。

（8）过滤。上述结晶罐中的物料用板框过滤机过滤，得粗品和滤液。粗品去干燥/包装工序，滤液去固体肥料工序。

（9）干燥/包装。上述过滤所得粗品，先经压滤机去除部分水分，再用流化床干燥机干燥得成品 L-赖氨酸盐酸盐，包装后入库。

（10）固体肥料制备。板框过滤所得滤液经五效蒸发器浓缩，去除 50%水分后进入干燥工序，经流化床干燥机去除剩余水分得固体肥料，包装后入库。蒸发浓缩液（废水）去污水处理站。

3. 苏氨酸生产工艺流程

苏氨酸生产工艺流程及排污节点见图 5-41。

（1）配料。葡萄糖浆泵入配料罐加热至 120℃进行杀菌，冷却至 30～33℃，加入磷酸、氢氧化钾、氢氧化钠等营养源及水。视情况加入消泡剂。

（2）种子培养。培养液自配料罐泵入种子培养罐，在 30～33℃下培养 40h。

（3）主培养。种子培养罐的培养液再泵入主培养罐，通入净化空气，加入液氨，在 30～33℃下培养 40h。

（4）隔膜分离。用隔膜分离机对发酵液-菌体进行分离，分离后的发酵液去浓缩工序，菌体去后续的固体肥料工序。

（5）浓缩。分离后的发酵液用三效蒸发器浓缩，得浓缩液去结晶工序。

（6）结晶。上述浓缩液泵入结晶罐，控制温度约 60℃进行结晶。

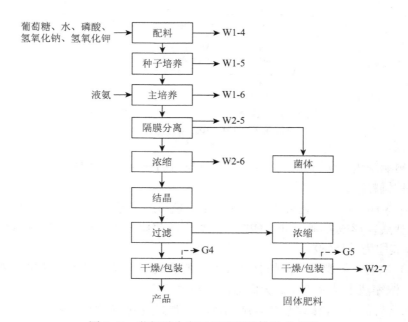

图 5-41　苏氨酸生产工艺流程及排污节点图

（7）过滤。上述结晶罐中的物料用单管式过滤机过滤，得粗品和滤液。粗品去干燥/包装工序，滤液去固体肥料工序。

（8）干燥/包装。上述过滤所得粗品，先经压滤机去除部分水分，再用流化床干燥机干燥得成品 L-苏氨酸，包装后入库。

（9）固体肥料制备。滤液与菌体经五效蒸发器浓缩，去除 50% 水分后进入干燥工序，经流化床干燥机去除剩余水分得固体肥料，包装后入库。蒸发浓缩液（废水）去污水处理站。

4. 核苷酸生产工艺流程

核苷酸生产工艺流程及排污节点见图 5-42。

（1）配料。葡萄糖浆泵入配料罐加热至 120℃进行杀菌，冷却至 30～33℃，加入磷酸、氢氧化钾、氢氧化钠等营养源及水。视情况加入消泡剂。

（2）种子培养。培养液自配料罐泵入种子培养罐，在 30～33℃下培养 40h。

（3）主培养。种子培养罐的培养液再泵入主培养罐，通入净化空气，加入液氮，在 30～33℃下培养 40h。

（4）隔膜分离。上述发酵液泵入隔膜分离机对发酵液-菌体进行分离，在此加入盐酸，分离后的发酵液去浓缩工序，菌体经干燥/包装得菌体饲料。

（5）浓缩。分离后的发酵液泵入五效蒸发器浓缩，得浓缩液去结晶工序。

（6）结晶。上述浓缩液泵入结晶罐，在此加入甲醇（包括回收套用的甲醇），控制温度约 60℃进行结晶。

（7）过滤。上述结晶罐中的物料经离心分离得粗品和滤液。粗品去干燥/包装工序，滤液去甲醇精馏工序，精馏所得甲醇循环套用至结晶，釜残去固体肥料工序。

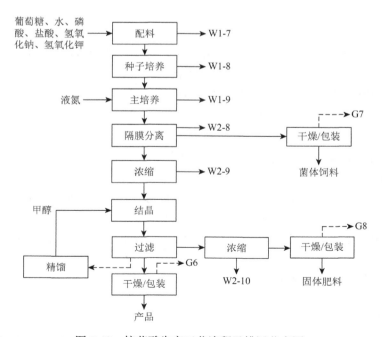

图 5-42　核苷酸生产工艺流程及排污节点图

（8）干燥/包装。上述过滤所得粗品，先经压滤机去除部分水分，再用流化床干燥机干燥得成品核苷酸，包装后入库。

（9）固体肥料制备。离心分离所得滤液经五效蒸发器浓缩，去除 50%水分后进入干燥工序，经流化床干燥机去除剩余水分得固体肥料，包装后入库。蒸发浓缩液（废水）去污水处理站。

5.7.3　废水水质水量特征

1. 企业废水污染物浓度分析

希杰生物企业废水包括生产工艺废水、R/O 系统排水、循环冷却水系统排水，以及经化粪池沉降后的生活污水，每天综合排水近 3 万 t。生产工艺废水由赖氨酸与苏氨酸的混合发酵废水、核苷酸发酵废水、赖氨酸精制废水、苏氨酸精制废水、肌苷酸精制废水、鸟苷酸精制废水、玉米加工废水和其他废水组成，这部分废水属成分复杂的高浓度废水，日排放量在 2500t 以上。由监测数据可知全厂综合废水水质大致为：COD 为 1000～2600mg/L，BOD_5 为 80～750mg/L，SS 为 120～340mg/L，NH_4^+-N 为 160～300mg/L，TN 为 235～325mg/L，TP 为 4.1～17.8mg/L。废水中含有大量的有机物，如不经处理直接排入附近河流，将对接纳水体造成极大的污染。

2. 废水主要污染特征

废水具有成分复杂、有机物含量高、SO_4^{2-} 及盐分等生物抑制物质含量高、各工艺时段氨氮含量变化较大等特点，具体特征如下。

（1）废水有机污染物含量高，主要污染物为发酵残余培养基、营养物和提取分离过程中产生的滤液，可生化性好。

（2）成分复杂，水质水量波动较大。

（3）葡萄糖车间、发酵车间和精制车间生产节点的 NH_4^+-N、TN、TP 污染物浓度总体较高。

（4）无机盐含量较高，生产过程中产生的无机盐副产品使废水的含盐量较高，成分复杂，污染物种类多，对厌氧菌有抑制作用。

（5）企业废水是成分复杂的高浓度废水，需采取多种工艺组合进行处理。

5.7.4　工艺单元及构筑物

1. 企业污水处理设施规模及工艺

污水处理站处理规模为 $3×10^4 m^3/d$，2011 年 8 月建成，2012 年正式运营，占

地面积为 $6 \times 10^4 m^2$。采用两级缺氧好氧生物处理工艺和化学处理工艺。该工艺主要是在缺氧池发生反硝化反应，将硝态氮转化成氮气以达到脱氮的目的；在曝气池发生硝化反应，去除有机物并将氨氮转换成硝态氮，脱氮效率可以高达 90%～95%，同时在化学处理阶段能有效除磷，出水经市政管网排入蒲河北污水处理厂。

污水处理工艺流程如图 5-43 所示。

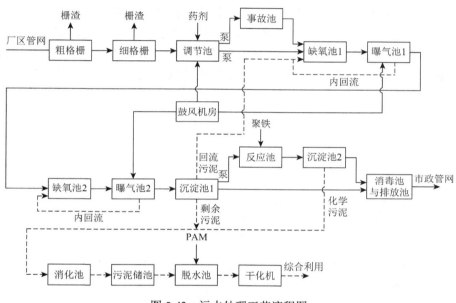

图 5-43　污水处理工艺流程图

2. 主要构筑物及作用

污水处理系统由格栅、调节池、缺氧池、曝气池、沉淀池、消毒池与排放池、消化池、污泥储池、反应池共九部分组成，各部分作用如下。

1）格栅

污水由污水总管集中流经格栅井，格栅井内设置两道格栅，即一道粗格栅（栅缝宽度为 10mm）和一道细格栅（栅缝宽度为 3mm），经两道格栅拦截后，污水中较大颗粒的固体杂质被去除，避免堵塞管道、水泵和填料。

2）调节池

调节池的作用是调节水量和均化水质，使污水能够比较均匀地进入后续处理单元，同时提高整个系统的抗冲击性能并减小后续处理单元的设计规模。调节池底设有曝气管，通入空气，既能防止污泥沉积，又能起到均化水质和预曝气的作用。

　　3）缺氧池

　　缺氧池中设置大量组合式填料，具有较大的表面积，可以附着生长大量具有生物活性的生物膜。在较高的有机负荷下，通过微生物的生化降解及吸附絮凝等作用，高效率地去除污水中的各种有机物。通过回流硝化液，缺氧池中污水发生反硝化反应，含氮污染物转化成 N_2，有效降低了氮污染。

　　4）曝气池

　　曝气池底设有微孔曝气管用于充氧，污水中的氨氮及有机氮化合物被氧化成硝酸盐（硝化反应），与缺氧池中的反硝化形成硝化-反硝化系统，避免了污泥在沉淀池产生大量浮渣。通过附着在填料上的大量好氧微生物，进一步氧化降解污水中的有机污染物，将污水中的有机污染物转变成 CO_2 和水。曝气池运行状态如图 5-44。

图 5-44　曝气池

　　该处理装置采用两级 A/O 工艺，即完成一级缺氧-曝气操作再进入二级缺氧-曝气操作。

　　5）沉淀池

　　污水从曝气池进入沉淀池进行固液分离，清液流入消毒池。沉淀池设两座，并联运行，池底设泥斗，污泥经泥斗沉淀浓缩后用气提法输送至污泥消化池。

　　6）消毒池与排放池

　　沉淀池出水进入消毒池，（非氯）消毒剂溶解在水中，以杀灭出水中的游离细菌，随后进入排放池。

7）污泥消化池与储泥池

污泥消化池底设有曝气管，由沉淀池来的污泥在此进行好氧消化，减少污泥量并使之转化为熟污泥。经好氧处理后的熟污泥经泵输送至位于地表的储泥池。

8）反应池

应急用池、沉淀池出水的有机物或 TP 浓度高时进入反应池加药进一步处理。

第6章　典型废水资源化技术研发与应用

针对农副产品加工园区规模快速发展、行业类型多、企业数量迅速增加、废水排放量不断扩大的状况，如何实现企业高浓度、易降解有机废水的源头控制与资源回用，是区域水环境改善的重要科学问题。因此，针对园区典型肉类加工行业废水，开展生物强化的水平-垂直复合流人工湿地（horizontal & vertical flow constructed wetlands，HVCW）深度处理技术研发，出水满足再生水景观回用用途，既可提高企业废水的利用率，进行资源化利用，减少了废水的排放，又为园区污水处理厂腾出部分处理容量。

6.1　HVCW 深度处理技术

6.1.1　研发背景

人工湿地技术是 20 世纪 70 年代发展起来的一种新型污水生态处理新技术，具有投资少、效率高、抗冲击、处理效果稳定、运行费用低、维护方便和景观生态相容性好等特点（张巍等，2010；王荣等，2010）。按照不同的结构可将其分为表流人工湿地和潜流人工湿地，潜流人工湿地又分为水平潜流湿地和垂直潜流湿地（曹笑笑等，2013）。近年来，人工湿地技术被广泛引入工业废水和农村生活污水处理中，如英国伦敦泰晤士河（David and Mark，1998）、美国 Apopka 湖（Coveney et al.，2002）、武汉东湖（金莹莹和裘鸿菲，2013）等均采用了人工湿地技术。国内外学者围绕湿地的结构（周元清等，2011；高红杰等，2013）、基质类型（张燕等，2012；熊佳晴等，2014）、植物种类（李龙山等，2013；张洪刚和洪剑明，2006）以及不同水力负荷条件下的污染物去除率（凌祯等，2011）等进行探讨。在相同基质和植物种植条件下，潜流人工湿地具有更好的净化效果已达成共识，但对于不同布水方式下人工湿地的处理效果仍存在争议。例如，聂志丹等（2007）将垂直流、水平流和表面流人工湿地处理富营养化水体的效果进行比较，发现垂直流人工湿地对氨氮、总氮和总磷的去除效果最好。但是，高春芳等（2011）采用组合生态工艺对规模化猪场养殖废水进行处理时，发现水平潜流人工湿地的去除率更高。因而，针对不同污染特征的污水，需要选择不同湿地类型。

为了适应综合型污水中污染物成分变化，针对污水特性调整湿地水流形态或组建复合型人工湿地，对提高污染物处理率均有显著作用。吴振斌等（2002）对比了垂直潜流湿地中上行流和下行流的组合形式，发现下行流-上行流人工湿地对水质改善和水生态恢复具有重要意义，且在冬季仍能正常运行。另外，复合型人工湿地通过组合不同湿地类型，发挥出综合处理特性，并逐步成为人工湿地发展的主流方向。例如，杨长明等（2010）将复合型人工湿地应用于城镇污水处理厂的尾水处理过程中，发现其对去除类蛋白和类腐殖酸物质等有较强的作用。但是，目前的复合型人工湿地仍是简单的流态组合，如表流与潜流的串联（刘长娥等，2014；谭洪涛等，2014）或者垂直下行流和上行流的组合（吴振斌等，2003），需要建设多个湿地单元体才能达到污水处理的目的。已有研究中，人工湿地主要用于处理可生化性较好的生活污水和粪污废水，较少用于工业废水的深度处理。

　　针对农副产品加工园区肉类加工企业废水，生化处理后出水水质 B/C 值与 C/N 值低，TN、TP 指标不能满足回用要求的问题，研究人员开发出生物强化的 HVCW 深度处理技术，将水平潜流与上升式垂直流布水方式融入同一湿地单元体。与脱氮除磷效果好的垂直流人工湿地（vertical flow constructed wetlands，VCW）进行比较研究，提供 HVCW 适宜的运行参数应用于冬季气温极低的北方地区，既满足处理效果要求，又保证冬季运行稳定，为典型企业的污水回用提供理论依据和技术支撑。

6.1.2　试验方案

1. 试验基地

　　试验基地包括配水池、HVCW、VCW 及阀门井。配水池的尺寸为 3.5m×3.0m，容积为 20m³。湿地单元的尺寸均为 6.0m×5.0m，由底向上依次均为防渗膜、导淤层、填料层、种植层；管网系统包括布水系统、收水系统及排水阀门等。HVCW 的单元结构如图 6-1 所示。

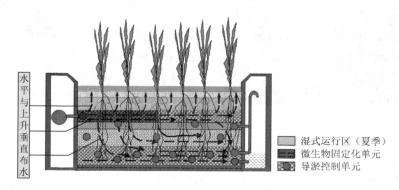

图 6-1　HVCW 结构剖面图（见书后彩图）

2. 试验方案

1）试验内容

试验分为启动期和成熟期，启动期采用低浓度污水对湿地植物进行驯化和养护；成熟期采用较高浓度污水，逐步培养和驯化湿地内微生物的抗冲击能力。湿地单元植物生长及出水情况如图 6-2 和图 6-3 所示。主要研究内容包括以下几个方面：①不同污染负荷冲击下的湿地污染物去除效率对比；②水力停留时间（HRT）对污染物去除率的影响分析，确定最佳水力负荷；③剖析冬季低温对 HVCW 的影响。

图 6-2　水生植物生长状态（种植三周后）

图 6-3　试验取水口和观察口

2）进水情况

以肉类加工企业生化处理后的出水为试验原水，启动期用水为原水与辉山明渠河口湿地出水 1∶1 比例混合水，成熟期用水为试验原水，见表 6-1。

表 6-1 试验用水水质指标 单位：mg/L

试验阶段	COD	NH$_4^+$-N	TN	TP	SS
启动期	27.30~98.31	2.89~14.69	12.60~28.00	0.22~1.23	1~9
成熟期	53.55~128.13	32.19~48.21	35.80~49.2	1.62~2.08	92~160

3）分析方法

采集人工湿地处理单元的进出水水样，参照《地表水和污水监测技术规范》（HJ/T 91—2002）和《水和废水监测分析方法》的方法进行测定。其中，COD 采用重铬酸盐法；氨氮采用纳氏试剂光度法；TN 采用碱性过硫酸钾-紫外分光光度法；TP 采用钼酸铵分光光度法。

3. 结果与讨论

1）COD 处理效果对比

由图 6-4 可知，COD 的进水浓度波动较大，启动初期的平均浓度为 48.92mg/L，之后平均浓度上升至 96.83mg/L。两种人工湿地的出水浓度均与进水浓度保持正相关关系，垂直流人工湿地（VCW）的平均出水浓度为 45.28mg/L；HVCW 的平均出水浓度为 38.29mg/L。在启动阶段，VCW 对 COD 处理率相对较高，平均处理率为 40.72%；而在成熟阶段，HVCW 具有相对较好的处理效果，平均处理率达到 54.28%。

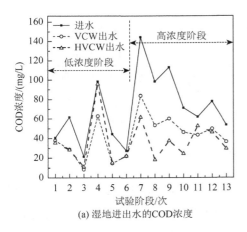

(a) 湿地进出水的 COD 浓度

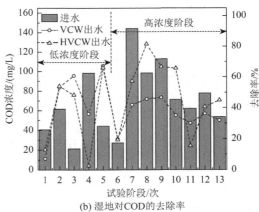

(b) 湿地对 COD 的去除率

图 6-4 HVCW 及 VCW 的 COD 去除效果

在厌氧环境下，微生物通过无氧呼吸将大分子有机物分解成稳定、简单的小分子有机物。在好氧状态下，好氧微生物通过新陈代谢作用将厌氧段未能去除的小分子有机物进行分解，将有机物氧化成二氧化碳、硝酸盐、水、硫酸根等稳定物质。垂直流人工湿地的布水方式为表层布水，水流携带氧气向下渗透，逐步形成表层好氧、深层厌氧的污水处理环境。HVCW 采用水平流布水及上升式垂直流布水方式，HVCW 的好氧和厌氧环境的协同作用优势明显，因而处理效果也更佳。

　　2）脱氮效果对比

　　图 6-5 和图 6-6 分别为进、出水氨氮和总氮的浓度变化和去除率情况。驯化阶段，进水的氨氮浓度平均值为 6.37mg/L，而总氮为 19.52mg/L；成熟阶段，氨氮的平均进水浓度为 47.63mg/L，总氮为 51.50mg/L。经垂直流人工湿地处理后，低、高浓度阶段出水的氨氮平均浓度分别为 3.17mg/L 和 21.81mg/L；总氮的平均浓度为 16.10mg/L 和 30.26mg/L。由此可知，垂直流人工湿地对氨氮的平均去除率为51.23%，而对总氮的平均去除率仅为 35.80%。而在同等进水条件下，HVCW 氨氮和总氮的平均去除率达到 80.96%和 57.30%。两个阶段出水的氨氮浓度分别为 1.65mg/L 和 7.12mg/L，总氮的浓度分别为 11.62mg/L 和 12.35mg/L。所以，HVCW 在处理脱氮方面要明显优于垂直流人工湿地。

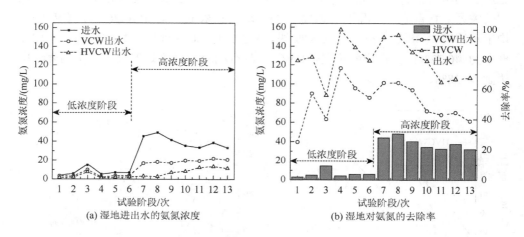

(a) 湿地进出水的氨氮浓度　　　　　　　　　(b) 湿地对氨氮的去除率

图 6-5　HVCW 及 VCW 的氨氮去除效果

　　在人工湿地污水处理过程中，有机氮在好氧环境下转变成氨氮。之后，氨氮又在各种微生物的作用下，通过硝化和反硝化过程最终形成氮气（卢少勇等，2006）。在垂直流人工湿地中污水在重力作用下向下渗透，较高的溶解氧含量可以加强硝化反应过程，有利于硝化菌将废水中的氨氮氧化为亚硝酸盐或硝酸盐。HVCW 于表层以下布水，溶解氧含量相对较低。但是，形成干湿交替运行状态后，湿地局部形成潮汐流状态，大量氧气进入使得表层溶解氧含量增加。在表层植被和填料的保温作用下，HVCW 的下层温度很适合反硝化菌的生长，反硝化过程能够顺利进行，因此 HVCW 对氨氮的处理效果更好（崔丽娟等，2010）。

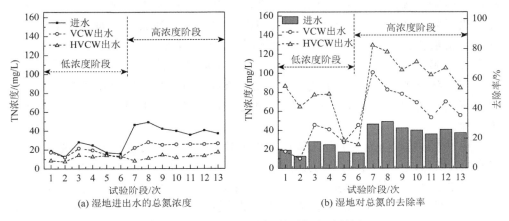

图 6-6　HVCW 及 VCW 的总氮去除效果

3）TP 的处理效果对比

由图 6-7 可知，驯化阶段 TP 的进水浓度平均为 0.663mg/L，两种人工湿地的 TP 出水浓度曲线均较低，去除率分别为 67.25% 和 63.20%。运行后期的平均进水浓度为 3.24mg/L。垂直流人工湿地 TP 的平均出水浓度为 0.541mg/L，HVCW TP 的平均出水浓度为 0.472mg/L，去除率分别为 68.71% 和 81.43%。两个阶段进行对比，当运行后期增大进水浓度时，两种湿地对 TP 的去除率均升高，两个阶段 HVCW 对 TP 的去除率始终高于垂直流人工湿地对 TP 的去除率，说明 HVCW 比垂直流人工湿地对 TP 的处理效果较好。

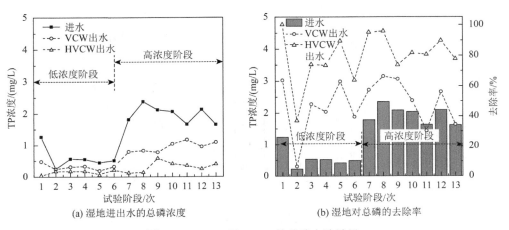

图 6-7　HVCW 及 VCW 的总磷去除效果

磷酸盐主要通过吸附和沉淀来去除，仅有部分磷是通过聚磷菌来处理。在好氧状态下聚磷菌能超量地将污水中的磷吸入体内合成糖原，使体内的含磷量超过一般细菌体内含磷量的数倍。在聚磷菌群占优势的生物除磷系统中，有明显的厌氧磷释放和好氧磷吸收，并且磷的吸收量大于释放量。因而，微生物的好氧吸磷量将超过厌氧释磷量及微生物正常生长所需的磷。由于在 HVCW 中有大量多孔隙火山岩的存在，磷能够通过介质吸附的方式予以去除。同时，火山岩中存在部分钙盐和铝盐，也是磷酸盐能够高效去除的重要原因。所以，HVCW中的好氧环境促进了磷的吸收，吸附和沉淀的处理效果也明显优于垂直潜流人工湿地。

通过对比垂直潜流人工湿地和 HVCW 对肉类加工废水的处理效果发现，HVCW对 COD、氨氮、TN 和 TP 的平均去除率分别达到 45.56%、80.96%、57.30% 和 80.24%，较同等进水条件下的垂直潜流人工湿地分别高出 5.87、29.73、21.52 和 31.44 个百分点。湿地对水体中 COD 和氮磷的处理受溶解氧和温度的影响，HVCW 灵活的布水方式可同时营造出好氧、缺氧和好氧环境，且具有适宜微生物生存的温度。在好氧和厌氧微生物的共同作用下，人工湿地对污染物形态转换过程比较完整，对有机物和氮磷的分解和吸收效率较高。对于处理氮、磷含量较高的肉类加工行业废水，选择 HVCW 进行深度处理较为合适。

4）HRT 对去除效果的影响

表面水力负荷是指每平方米人工湿地在单位时间内所能接纳的污水量。水力停留时间（HRT）是指污水在人工湿地内的平均驻留时间。如图 6-8 所示，随着水力停留时间的不断增大，HVCW 对 COD 的去除率逐渐上升，出水浓度逐渐降低。当水力停留时间从 28h 增至 76h 时，COD 的出水浓度从 44.9mg/L 降至 38.33mg/L，

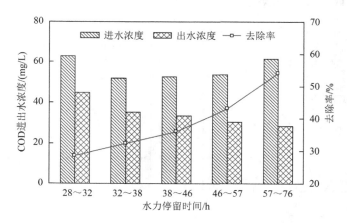

图 6-8　不同水力停留时间下 HVCW 去除 COD 的效果

去除率呈直线上升。随着水力停留时间继续增加，水力停留时间每延长 1h，COD 的去除率上升 0.7 个百分点。因此，当 HVCW 的水力负荷为 0.35～0.4m/d 时，湿地对 COD 的去除率最强。

图 6-9 为不同水力停留时间下 HVCW 对氨氮的去除效果。随着水力停留时间的不断增大，氨氮的去除率呈三段式升高，出水浓度依次降低。当水力停留时间从 30h 增至 35h 时，氨氮的去除率迅速从 39.9% 增至 54.9%，去除率提高了 15.0 个百分点，水力停留时间每增加 1h，去除率平均提升 3 个百分点。之后，氨氮的去除率保持在 60%～70%，水力停留时间每增加 1h，去除率平均提升 1 个百分点。因此，过度延长水力停留时间，对氨氮去除的影响不显著。图 6-10 所示为不同水力停留时间下 HVCW 对 TN 的去除效果。随着水力停留时间的不断增大，TN 的出水浓度呈两段式增加。当水力停留时间从 30h 增至 42h 时，水力停留时间每延长 1h，去除率增加 0.52 个百分点。当水力停留时间从 42h 增至 52h 时，水力停留时间每延长 1h，去除率增加 1.15 个百分点。之后，水力停留时间每增加 1h，湿地对污染物的去除率将上升 0.57 个百分点。

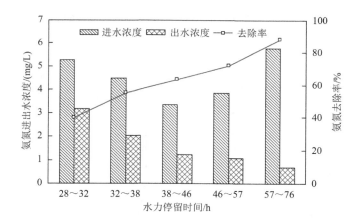

图 6-9　不同水力停留时间下 HVCW 去除氨氮的效果

因此，去除氨氮需要的水力停留时间较短，而去除总氮需要的水力停留时间较长。随着水力停留时间的延长，水体中的溶解氧含量在微生物的消耗下逐渐降低。由于氨氮主要在好氧环境下进行硝化过程，所以水力停留时间过长并不能显著增强对氨氮的去除效果。而硝态氮和亚硝态氮在缺氧环境下，能够更好地进行反硝化过程，所以水力停留时间延长后可以有效去除总氮中的硝态氮和亚硝态氮。

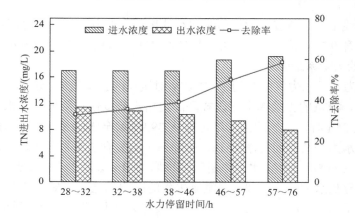

图 6-10　不同水力停留时间下 HVCW 去除 TN 的效果

图 6-11 所示为不同水力停留时间下 HVCW 对 TP 的去除效果。HVCW 对磷的去除效果基本维持在 70% 以上，随着水力停留时间的延长，出水 TP 浓度逐渐降低。当表面水力负荷从 0.15m/d 升至 0.40m/d 时，TP 的去除率从 94.6% 降至 73.7%，出水浓度从 0.09mg/L 升至 0.55mg/L。因此，适当延长水力停留时间对去除有一定的效果。

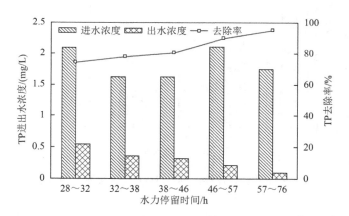

图 6-11　不同水力停留时间下 HVCW 去除 TP 的效果

由此可见，人工湿地的水力停留时间越长，污染物的去除效果越好。但是，当水力停留时间大于 32h，延长 HRT 对于增强 COD 和氨氮去除率的效果并不明显，但是对于总氮和总磷有一定的效果。对于肉类加工废水存在总氮和总磷指标较高的现象，可以考虑将人工湿地的水力停留时间适当延长，所以本试验中最佳的进水水力负荷应当在 $0.3m^3/(m^2 \cdot d)$ 左右。

5）冬夏季 HVCW 运行情况对比

由于人工湿地污水处理技术属于生物膜法，处理效果受微生物生长状况的影响显著。根据已有研究成果可知，北方冬季湿地系统温度和氧含量低造成微生物活性降低，使微生物对有机物的分解能力下降。因此，冬季运行效果的好坏成为判别人工湿地运行的关键指标。为此，针对冬季低温对 HVCW 的运行效果进行检测。经过夏季的运行，湿地内的微生物经过驯化和成熟阶段，所以冬季运行时进水保持水力负荷为 $0.3\text{m}^3/(\text{m}^2\cdot\text{d})$。

图 6-12 为 HVCW 在夏季和冬季处理 COD 的进出水浓度变化曲线。经计算可得出，夏季湿地单元的 COD 去除率为 51.63%、冬季 COD 的去除率为 44.56%，冬季低温对 COD 的去除效果影响不明显。低浓度阶段时冬季的去除率甚至高于夏季 5 个百分点，高浓度阶段时冬季去除效果保持在 53%，较夏季要低 7 个百分点。

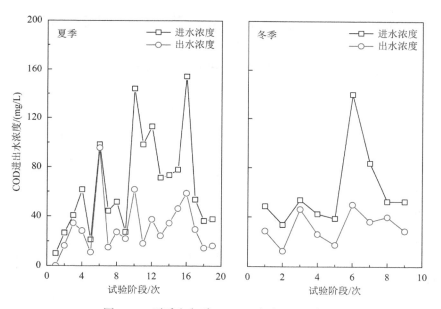

图 6-12　夏季和冬季 HVCW 去除 COD 效果

图 6-13 和图 6-14 分别为夏季和冬季 HVCW 的去除氨氮和 TN 效果。经计算可得出，夏季氨氮和总氮的平均去除率分别为 76.90% 和 53.65%、冬季氨氮和总氮的平均去除率分别为 34.50% 和 32.03%。因此，HVCW 夏季氨氮去除效果相对较好，但是冬季低温对其影响非常显著。低温对于总氮的去除也有一定的影响，夏季 HVCW 对总氮的去除率基本保持在 58% 左右，高浓度时去除效果更佳。但是，在低温环境下总氮的去除率仅为 34%。所以，冬季低温对硝化细菌的影响比较明显。

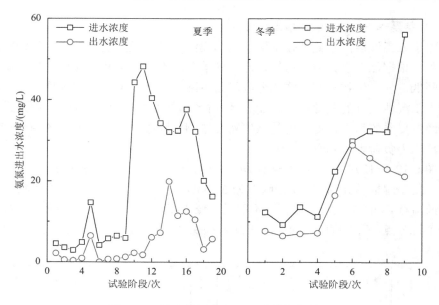

图 6-13　夏季和冬季 HVCW 去除氨氮效果

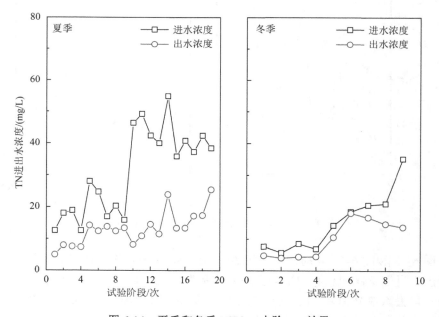

图 6-14　夏季和冬季 HVCW 去除 TN 效果

　　冬季 HVCW 采用低水位运行模式,所以不能通过干湿交替来增加溶解氧含量。然而,硝化过程需要好氧环境才能完成,而好氧区主要分布在进水端和表层温度较低的区域。硝化细菌的适应温度是 20～30℃，温度低于 15℃时反应急速下降，低于 5℃时基本停止。所以，溶解氧含量和微生物活性的降低是导致氨氮去除率下降的主要因素。反硝化过程主要在深层厌氧环境下进行，其适宜温度为 5～40℃，低于 15℃反应也迅速下降。但是，底层的水温相对较高，能够维持微生物的活性，所以冬季低温对 HVCW 的反硝化过程影响不明显。

图 6-15 为夏季和冬季 HVCW 的去除 TP 效果。夏季 TP 的去除率为 74.71%，冬季 TP 的去除率为 49.74%。磷的去除主要依靠填料和沉积物的吸附、植物和微生物的吸附及气态磷的挥发等，其中填料和沉积物的吸附是人工湿地除磷的主要机理。冬季低温时植物茎叶枯萎，根系进入休眠状态，根区微生物活性降低。植物输氧能力的下降导致大量有机污染物不能及时分解，导致基质上附着有大量有机污染物，这些都导致磷不能被基质吸附。

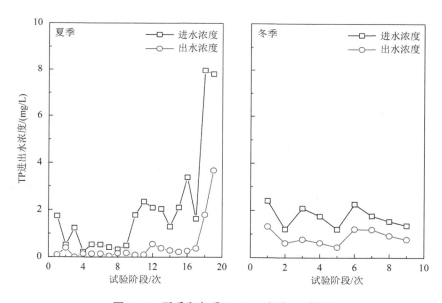

图 6-15　夏季和冬季 HVCW 去除 TP 效果

4. 结论

人工湿地试验研究分析了垂直流人工湿地和 HVCW 对 COD、氨氮、TN、TP 的处理效果，由试验结果可知：

（1）在好氧和厌氧微生物的共同作用下，HVCW 对 COD、氨氮、TN 和 TP 的平均去除率分别达到 45.56%、80.96%、57.30%和 80.24%，较同等进水条件下的垂直潜流人工湿地分别高出 5.87、29.73、21.52 和 31.44 个百分点。

（2）当水力停留时间大于 32h，延长 HRT 对于增强 COD 和氨氮去除率的效果并不明显，但是对于总氮和总磷有一定的效果。针对肉类加工企业生化处理后出水总氮和总磷指标较高的现象，可以考虑延长人工湿地的水力停留时间。本试验中建议的最佳水力负荷为 $0.3m^3/(m^2 \cdot d)$ 左右。

（3）冬季低温对 COD 的去除效果影响不明显，去除率较夏季仅下降了 7 个百分点。但是，低温对于硝化细菌的影响非常明显，氨氮平均去除率仅为 57.6%。底层的水温能够维持微生物的活性，低温对 HVCW 的反硝化过程影响不明显。

6.2　HVCW 深度处理技术应用

6.2.1　工程应用案例

1. 工程背景

沈阳福润肉类加工有限公司企业总用水量 $2035m^3/d$，预计生牛屠宰生产线建成达产后，总用水量达到 $3000m^3/d$。由于公司用水量大、新鲜水费用高，已给企业造成很大的经济负担，提高污水的回用率、节约生产用水、减少污水的排放量也是企业迫切需要解决的问题。

污水处理工艺为隔油＋气浮＋水解酸化＋SBR＋曝气生物滤池＋砂滤。随着运行年限的增加，污水处理站出现部分设备老化损坏、部分设施功能退化等问题，而且污水深度处理设施功能一直未能满足污水回用的要求。因此，以建设 HVCW 为主，兼顾前段废水物化、生化处理工艺设施的改造完善，使工程出水满足景观回用的用途。

2. 建设规模

根据厂区回用需求及现有用地条件，确定工程建设规模为处理水量 $1000m^3/d$。

3. 工艺流程

工程采用气浮-水解酸化-SBR-HVCW 组合处理工艺，污水通过气浮装置主要去除废水中的油脂、悬浮物和降低废水的 COD 含量，以减轻后级生化处理负荷。在水解酸化池中，废水中溶解的有机物比例显著增加，BOD_5/COD 值提高，有利于难降解有机物的去除。废水经水解酸化后进入 SBR 池处理，进一步去除各类污染物，最后通过人工湿地处理后达到景观回用的目标（图 6-16）。

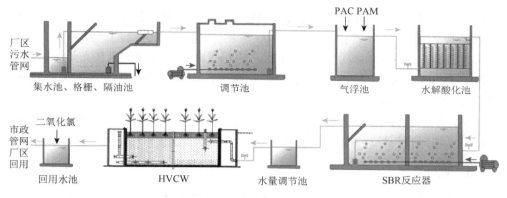

图 6-16　工艺流程图（见书后彩图）

4. 建设可行性分析

首先从废水的污染特点来看，废水中有机物含量高，氮磷营养物较高，宜采用生物法与人工湿地组合工艺进行处理；其次从污水回用的用途来看，主要用于景观用水，兼顾绿化及清扫，回用要求不高，在生物处理基础上，后续采用 HVCW 可以满足回用标准要求，因此技术方面可行；从厂区的环境来看，绿化面积占厂区面积的三分之一，利用绿化带建设人工湿地，既可满足工程施工场地的需要，又未改变绿化带的性质，因此工程实施建设条件可行。

6.2.2　工程设计

1. 设计目标

污水站处理后出水用于景观、绿化等，设计出水水质参照《城市污水再生利用　城市杂用水水质》（GB/T 18920—2002）及《城市污水再生利用　景观环境用水水质》（GB/T 18921—2002）执行。

2. 总平面设计

为保证湿地系统运行稳定、维修方便、经济合理、安全卫生，首先需对人工湿地设施进行总平面位置布置。总平面布置可以按照以下原则来进行：充分利用自然环境的有利条件，按建筑物使用功能和流程要求，结合地形、气候、地质条件，考虑便于施工、维护和管理等因素，合理安排、紧凑布置；厂区的高程布置应充分利用原有地形，符合排水通畅、降低能耗、平衡土方的要求；多单元湿地系统高程设计应尽量结合自然坡度，采用重力流形式，需提升时，宜一次提升；应综合考虑人工湿地系统的轮廓、不同类型人工湿地单元的搭配、水生植物的配置、景观小品设施营建等因素，使工程达到相应的景观效果。

人工湿地总面积和构造形式确定后，应尽量减少土方搬运量和人工湿地单元之间的运输量。同时，应考虑到人工湿地运行的稳定性、易维护性和地形的特征，确定人工湿地单元数目。

设计水力负荷 $q_{hs}= 0.3\text{m}^3/(\text{m}^2\cdot\text{d})$，湿地有效面积为 3300m²，共分为 10 个单元，依据地形地势将湿地单元设计成矩形。

3. 单元设计

一般来说，潜流人工湿地的几何尺寸设计应符合以下要求：①潜流人工湿地单元的面积宜小于 800m²；②潜流人工湿地单元的长宽比宜控制在 3：1 以下；③规则的潜流人工湿地单元的长度宜为 20～50m，对于不规则的潜流人工湿地单元，应考虑均匀布水和集水的问题；④潜流人工湿地水深宜为 0.4～1.6m；⑤潜流湿地的水力坡度宜为 0.5%～1%。

根据现场地形，设计潜流人工湿地单元的长宽比选择采用 1.46：1，每个单元尺寸为 22m×15m，有效面积为 330m²。

4. 基质选择

人工湿地的基质是提供湿地植物与微生物生长并对污染物起过滤、吸收作用的填充材料，主要包括砂、砾石、沸石、石灰石、页岩、塑料、陶瓷等。基质是污水处理发生的主要场所，能为微生物提供附着场所，同时基质内矿质等元素又可以为植物提供生长所需的营养物质，同时为水生植物提供支持载体，基质的选择对于人工湿地系统处理污水的效果具有重要意义。在人工湿地基质的选择下，应针对不同污水水质状况结合实际选用适当的基质，目前，沙、石混合仍是最常用的基质，基质的选择应本着就近取材的原则，也可以根据不同的水质及工程的具体情况，选择不同的种类进行组合。另外，基质必须达到设计要求的粒径范围，保证填筑材料的含泥（沙）量和填料粉末含量小于设计要求值。

对于潜流湿地来说，基质的结构要满足大型水生植物的生长，并保证对污水有良好的过滤和处理效果，同时细砂层基质低水力传导率可保持滞水状态以保证进水的均匀分布。砾石层不仅能有力地支撑上层基质，还可构成许多大孔隙单元，显著提高了水力传导性能，确保了污水的流动与底部水流的迅速排空。实际工程中，根据《人工湿地污水处理工程技术规范》，人工湿地基质还应满足下列条件：①基质的选择应根据机制的机械强度、比表面积、稳定性、孔隙率及表面粗糙度等因素确定；②基质选择应本着就近取材的原则，并且所选基质应达到设计要求的粒径范围；③对出水的氮磷要求较高时，提倡使用功能型基质，提高氮磷的处理效率；④潜流人工湿地基质层的初始孔隙率宜控制在 35%～40%；⑤潜流人工湿地基质层的厚度应大于植物根系所能达到的最深处。

湿地单元填料床层的设计深度一般为 1.3m，自下而上分别是夯实黏土、高密度聚乙烯（HDPE）防水土工膜（$\delta = 0.3$）、100mm 厚的粗砂、50mm 厚的砾石（d 80～120mm，d 为粒径）、300mm 厚的微生物固定化填料（d 10～30mm）、100mm 厚的砾石（d 5～8mm）、100mm 厚的粗砂以及 200mm 厚的种植土。

微生物固定化填料：以火山岩为载体，经过菌种附着所需的营养液固化与喷涂活化、浸泡于火山岩表面，为湿地中的原微生物或外加的菌种提供附着床，使人工湿地单元内有效微生物数量大大提高，优化菌群，增加特定微生物种类的数量。

5. 植物配置

植物是人工湿地的重要组成部分，植物在人工湿地的作用可归纳为三个方面：直接吸收利用污水中的营养物质，过滤、吸附、富集重金属和一些有毒有害物质；为根区好氧微生物输送氧气，为各种生物化学反应的发生提供适应的氧化还原环境；增强和维持介质的水力传输。不同植物种群配置对人工湿地净化能力的影响不同，不同的植物类型对不同的污染物质具有一定的针对性。湿地植物茭白、芦苇、水烛、灯芯草对氮和磷有较好的去除效果。

根据实际情况，选择芦苇与香蒲 2 种植物作为潜流人工湿地的优势建群种，为保证建植植物的成活率，种植密度按照 25 株/m² 设计。

1）芦苇

芦苇（图 6-17）是多年水生或湿生的高大禾草，禾本科芦苇属。生长在灌溉沟渠旁、河堤沼泽地等，叶片线形，渐尖，叶基宽，圆锥花穗稠密，夏末秋初抽穗开花。早春挖取幼芽分段移栽，保持土壤湿润，极易成活。

图 6-17　芦苇

2）香蒲

香蒲（图 6-18）是香蒲科香蒲属多年生水生或沼生草本植物，根状茎乳白色，地上茎粗壮，向上渐细，叶片条形，叶鞘抱茎，雌雄花序紧密连接，果皮具长形褐色斑点。种子褐色，微弯。花果期 5～8 月。

图 6-18　香蒲

6. 进出水系统

人工湿地的进水系统中最关键的一点是要保证配水的均匀性，要求进出水结构能够均匀分布湿地中的污水，进而控制湿地水深和收集处理后的水流。人工湿地各单元宜采用穿孔管、配水管、配水堰等装置来实现集配水的均匀。穿孔管的长度应与人工湿地单元的宽度大致相等。管孔密度应均匀，管孔的尺寸和间距取决于污水流量和进出水的水力条件，管孔间距不宜大于人工湿地单元宽度的 10%。穿孔管周围宜选择粒径较大的基质，其粒径应大于管孔孔径。在寒冷地区，集配水及进出水管的设置应考虑防冻措施。人工湿地出水可采用沟排、管排、井排等方式，并设溢流堰、可调管道及闸门等水位调节功能的设施。人工湿地出水量较大且跌落较高时，应设置效能措施。人工湿地的出水应设置排空设施。

设计湿地单元布水采用单点独立的配水管，由进水阀门控制，埋深为 725mm。为水平推流式布水。湿地单元集水采用集水管、集水渠多点集水方式，在湿地单元的集水渠内墙上设多个出水口，高于种植土层，以保证湿地内部上升流的出水畅通。集水管上设置高、中、低 3 个高度等径 UPVC 球阀，控制湿地内部实现高、中、低水位。湿地系统内部水流形成水平流与上升式垂直流复合流态。

7. 导淤系统

人工湿地基质堵塞将会直接影响它对各种污染物的去除效果。所以，要更好地发挥人工湿地的净化效果，就必须解决基质的堵塞问题。

导淤层设置倒膜管，定期排放湿地内脱落的生物膜，防止填料层淤堵，并可在潜流湿地基质进水端设置滤料层拦截悬浮物。倒膜的方法是将待倒膜单元DN200 阀门打开，关闭其他 9 个配水阀门，使其进入该池的流量是正常配水量的5 倍以上，通过大水量、高流速的方式进行冲洗，使其新陈代谢脱落的生物膜带出，通过倒膜管排至集水渠收集后排放至污水站前端进水井。

8. 防渗设计

潜流人工湿地应在底部和侧面进行防渗处理，为防止污染地下水，工程采用防渗措施，首先在湿地底部进行黏土夯实防渗处理，密实度不宜小于 95%。底部及四周均铺设高密度防水土工膜，渗透系数 $\leqslant 10^{-8}$m/s。

6.2.3　工程施工与启动

1. 工程施工

在正式进行施工前期，主要任务是清除和平整场地。潜流人工湿地周边护坡采用夯实的土壤构建，坡度宜为 25%～50%。在夯实工程中，应考虑土壤的适度，不得在阴雨天施工。围堰建成后，应进行表面防护。基质应进行级配、清洁，保证填充材料的含泥量和填料粉末含量小于设计要求值，且铺设过程中应从选料、洗料、堆放、撒料四个方面严格加以控制。此外，人工湿地防渗材料采用聚乙烯膜时，应由专业人员用专业设备进行焊接，焊接结束后，需进行渗透试验。

2. 工程启动

人工湿地污水处理系统从启动到正常运行，一般要经历两个阶段：第一阶段是启动阶段，在此阶段，整个系统处于不稳定状态，其中植物的生长、微生物的数量与种类及生物膜的生长都处于逐步发展的阶段；第二阶段是成熟阶段，在此阶段，系统处于动态平衡中，此时系统的处理效果充分发挥，运行也比较稳定。

在启动阶段，需对湿地内杂草进行处理，一般可采用淹水灭杂草的办法。人工湿地在栽种湿地植物后需要充水，将水位控制在地面以下 25mm 处。在设计流量运行 3 个月后，将水位降低到距湿地床底 0.2m 处运行，以促进湿地植物的根系向床体深处生长，待根系深入到床底生长后，可再将水位调节到地表处，开始正常运行。

6.2.4 工程日常运行维护管理

一般来说，人工湿地系统正常运行之后，日常维护管理事项应包括以下几个方面：人工湿地检测与控制、人工湿地植物管理、人工湿地基质管理、人工湿地保温、人工湿地动物管理。

1. 人工湿地检测与控制

人工湿地处理系统的检测内容一般包括进出水水质、水位和生物状况指标等，这些参数都是反映系统是否正常运行的重要参数指标。为保证设施正常运行和处理效果，及时发现异常现象，应按照污水处理系统运行操作规程规定的检测项目、检测频率和取样点进行操作和管理。检测项目包括 pH、BOD_5、COD、氨氮、总氮、总磷等，检测的主要目标是对系统各进出水环节进行检测，确定进出水水质是否符合工艺要求，以保证系统的处理能力，指导运行管理。

2. 人工湿地植物管理

植物管理在人工湿地系统管理中占很大比例，主要包括以下几个方面。

（1）设施管理：人工湿地投入使用时，需要预防人为损毁植物，且栽种植物后亟需充水，为促进植物根系发育，初期应进行水位调节。

（2）种植和生长管理：应保证连续提供污水，保证水生植物的密度及良性生长。

（3）植物检修及收割：修剪换季节植物茎叶，修剪掉的茎叶连同吸收的营养物和其他成分从湿地中移出，促使水生植物生根并维护下年度生长和吸收，净化污水中污染物。

（4）施肥与病虫害防治：人工湿地规模小，生态平衡能力弱，易发生植物病虫害问题，特别是湿地运行初期应注意采取相应的防治措施，在防治的过程中应防止引入新的污染源，病虫控制模式可以参考农作物的绿化病虫害防治方法。

3. 人工湿地基质管理

基质管理主要体现在人工湿地防渗漏与防堵塞问题上，堵塞问题是人工湿地运行过程中面临的最大问题，为缓解人工湿地堵塞情况，采取具体措施如下。

（1）启动清淤系统，定期清淤：当系统运行一段时间后，湿地床底部会有沉积物产生，需定期清除，并回流至预处理系统，禁止直排水体，以免造成水体污染。

（2）间歇运行人工湿地：长时间连续进水会使系统的基质一直处于还原状态，

从而造成胞外聚合物的积累，导致逐步堵塞。人工湿地间歇运行和适当的湿地干化期，会使基质得到"休息"，保证基质一定的好氧状态，避免胞外聚合物的过度积累，防止基质堵塞。一般情况下，间歇时间越长，基质恢复能力越好，渗透性越大；但是，间歇时间也不能无限延长，应同时考虑处理效率和处理负荷。

（3）采用微生物抑制剂：采用微生物抑制剂或溶菌剂抑制微生物生长，进而防止基质堵塞；但由于人工湿地系统主要依靠微生物的新陈代谢活动去除污染物质，宜采用不损害基质微生物生存环境的措施来恢复基质的水力传导能力，因此这种抑制微生物或杀死微生物来防止基质堵塞的措施在实际工程中应慎重使用。

（4）更换湿地部分填料：通常湿地单元进水端负荷较高，产生堵塞的概率大，一旦出现堵塞现象，可以更换进水端局部填料，这种方法可以有效地恢复人工湿地功能，但对大规模湿地来说工程量较大。

4. 人工湿地保温

冬季因为温度低而微生物活性降低，为保证人工湿地的正常运行，冬季可将湿地植物芦苇、香蒲收割铺在湿地表面，上面覆盖一层薄膜，薄膜上还可以覆盖稻草等材料，以保证湿地系统的净化效果。

5. 人工湿地动物管理

人工湿地可以作为动物良好的食物来源，故人工湿地处理系统运行起来后，会慢慢出现一些野生生物，如鸟类、哺乳动物、爬行动物和昆虫等。一般可采取以下办法来进行管理。

（1）可采用物理或生物药剂，不宜施用除草剂、杀虫剂等易破坏生态系统的药剂。

（2）引入捕食蚊蝇的动物可控制蚊子的滋生。

第7章　农副产品加工园区废水资源化利用策略

7.1　农副产品加工园区废水资源化回用模式

7.1.1　园区废水处理与回用模式

结合园区企业的用水特点和外部水体环境，在充分发挥企业内部中水回用的基础上，发挥园区污水处理设施的作用削减污染负荷，同时再利用人工生态湿地等深度处理方式，实现对外部水系生态用水的回补，从而构建"大-中-小"三个循环相衔接的园区废水处理与回用模式（图7-1）。

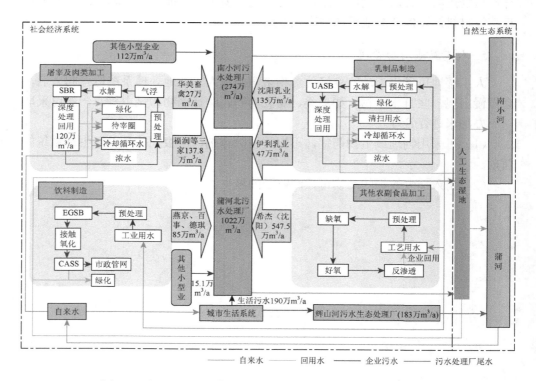

图 7-1　农副产品加工园区废水处理与回用模式（见书后彩图）

1. 大循环

大循环，也称区域水循环网络系统。在整个园区所在的社会区域内，将水循环系统分成自然生态系统和社会经济系统 2 个基本单元。自然生态系统水循环利用截污截流、循环、生态修复、自然净化和自然排放等技术手段，实现水质保障、水资源综合利用、景观效果等多个目标；社会经济系统包括污水处理系统和污水再生系统。

自然生态系统中的人工湿地主要用于对污水处理厂出水的深度处理，以及用于对初期雨水收集处理后的深度处理，同时起到景观效果。

社会经济系统中，工业和城市生活产生的污水排入城市污水处理厂，处理后一部分深度处理可用于工业系统的工业用水、工业冷却水以及城市生活系统的清洗用水等；另一部分排入人工湿地进行深度处理后可用于补充人工湖景观用水。

2. 中循环

中循环，又称工业生态经济水循环链。按水资源的用途不同分成屠宰及肉类加工行业、乳制品制造行业、饮料制造行业和其他农副食品加工行业等 4 个相互独立而共生的社会经济生态群落，它们之间相互通过用新鲜水、污废水、再生水流动连接。

构建的水资源循环链包括：

（1）自来水—屠宰及肉类加工行业/乳制品制造行业/饮料制造行业/其他农副食品加工行业—企业内部污水处理系统—污水再生系统；

（2）污水再生系统—中水回用—生产工艺用水—园区污水处理系统—园区再生水系统；

（3）污水再生系统—中水回用—杂用水—园区污水处理系统—园区再生水系统。

依据《城市污水再生利用　城市杂用水水质》（GB/T 18920—2002）可将中水回用在景观绿化、冲圈、养鱼、喷泉中。

3. 小循环

小循环，也称企业原位水处理应用。企业内部水循环是从企业自身考虑出发对水资源的有效利用，主要通过清洁生产审核与中水回用措施实现减量化和资源化。工业废水与厂区生活污水作为污水回用系统的原水，进行原位处理后满足工业用水或生活杂用水要求，在园区内部选择具有代表性的企业作为清洁生产重点审核对象，通过对企业各用水环节的具体分析，制定实现水量削减以及提高水资源利用效率的清洁生产方案。

7.1.2　典型行业废水回用模式

污水回用即把生活污水、生产废水等经过深度处理后，重复使用，甚至实现零排放。这实际上是将污水作为一种新的水源加以充分利用，既减少了新鲜水的利用，又降低了废水的排放量。其中，实现污水回用或者零排放，最关键的一点就是要去除污水废水中的各种杂质和污染物，使净化后的水满足生产或者生活用水的水质要求。把原来外排的生产废水和市政污水作为新水源，就可以大大减少对地表水和地下水的需求，也减少了向外排放的污水量；在循环利用水的同时，各种废水中积累的污染物经过浓缩、焚烧、填埋等方式转化为对环境无害或者少害的形式，可以大大缓解对生态的破坏。

屠宰及肉类加工、乳制品制造、饮料制造等行业生产的是与人类食品相关的产品，食品生产中生产、清洁、工艺用水都有很严格的水质要求，这些行业特征决定了处理后的中水不宜回用于生产工艺中，但可以将中水回用在景观绿化、冲圈、养鱼、喷泉中。

农副产品加工园区中食品和饮料工业是主要耗水大户，特别是在饮料制造业中每吨产品就需要耗用 10～12t 水，酿造业的耗水量更大。该工业中耗用的水大部分是用于洗涤和清洁的，因此，这些废水可以回收循环利用。

在充分分析农副产品加工园区典型行业废水产生途径及废水污染物特征的基础上，研究人员提出农副产品加工园区污水处理与回用模式。回用水质需达到《城市污水再生利用 城市杂用水水质标准》（GB/T 18920—2002）和《城市污水再生利用 工业用水水质（GB/T 19923—2005）的要求。

典型行业企业水污染控制技术优化的目标就是利用先进的技术将企业产生的污水回用到企业的生产过程中，在保障企业用水充足的基础上，降低企业的新鲜水利用量，减少污染物排放，降低园区外排污染负荷对水环境的不利影响。

1. 屠宰及肉类加工行业污水处理及回用模式

1）回用途径

依据深度处理后的出水水质，采用分质处理方式，实现屠宰及肉类加工废水资源化回用。回用水主要用于非生产工艺的辅助用水，如冷却循环水、待宰圈冲洗、绿化等（图 7-2）。

2）回用工艺推荐

（1）采用砂滤＋活性炭＋反渗透处理系统对肉类加工二级出水进行深度处理，其中砂滤＋活性炭可以高效截留污染物，便于后续深度处理；反渗透进行深度脱盐、脱有机物，以使处理后水质达到回用要求。处理后出水可满足直流冷却水、敞开式系统循环冷却水、洗涤用水、锅炉补水等回用标准，可以作为屠宰及肉类加工行业废水内循环处理技术进行应用。该项技术处理系统装置简单，易集成，便于运输、拆卸、安装，占地面积小，而且系统操作容易，便于维修。

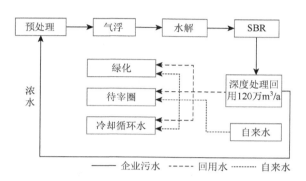

图 7-2 屠宰及肉类加工行业污水处理及分质回用模式

（2）在人工湿地技术的基础上，研发 HVCW 深度处理技术，将水平流与上升式垂直流结合，通过改进湿地内部结构，布设多级微生物固定化填料，提高污染物的去除效率，尤其是对氮、磷污染物的去除，使废水处理后达到景观回用水标准。该技术可较好地与其他生化处理工艺有机结合，对农副产品加工行业废水的再生利用具有重大意义。

采用活性炭过滤＋微滤处理，经消毒处理后可达到循环冷却水用水指标。出水经过活性炭脱色过滤，降低总固体的含量，保证出水色度、浊度达到设计要求；在活性炭脱色过滤后，采用微滤工艺，将悬浮大分子物质和细菌截留，保证了循环冷却水水质，避免造成设备结垢，消毒时利用 ClO_2 的强氧化性与有机物反应，使高沸点的有机物被氧化成低沸点的中小分子有机物，还有部分被降解成挥发性的有机物、CO_2 和水。采用活性炭过滤＋微滤处理可以达到循环冷却水用水指标的要求，不能完全回用的剩余部分可用于待宰圈、运输车辆冲洗、绿化等。

2. 乳制品制造行业污水处理及回用模式

1）回用用途
回用水主要用于非生产工艺的辅助用水，如冷却循环水、清扫用水、绿化等（图 7-3）。
2）回用工艺推荐
冷却循环系统的排水主要污染物为无机盐，属高浓盐水，这种水极易使冷却设备内壁结成污垢和泥垢，通过排污同时补充新鲜水的形式减小循环冷却系统水的离子浓度，是防止结垢的一种有效措施，但对新鲜水又是一种浪费。因此，将冷却系统的排水经处理后进行回用是一种有效的节水方式，具有较强的可操作性。

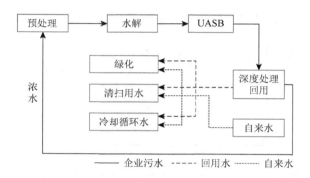

图 7-3　乳制品制造行业污水处理及回用模式

3. 饮料制造行业污水处理及回用模式

饮料制造行业由于其特殊性，生产过程必须采用新鲜水，因此，回用的污水只能应用于厂区绿化等用途（图7-4）。

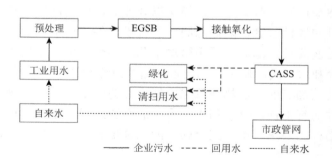

图 7-4　饮料制造行业用水污水处理及分质回用模式

4. 其他农副食品加工行业污水处理及回用模式

1）回用用途

依据深度处理后的出水水质，采用分质处理方式，实现生物科技行业废水资源化回用。回用水主要回用于生产工艺（图7-5）。

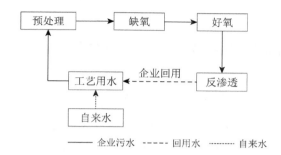

图 7-5　其他农副食品加工行业污水处理及分质回用模式

2）回用工艺推荐

反渗透技术是当今最先进和节能有效的分离技术。其原理是在高于溶液渗透压的压力作用下，借助只允许水透过而不允许其他物质透过的半透膜的选择截留作用将溶液中的溶质与溶剂分离。利用反渗透膜的分离特性，可以有效地去除水中的溶解盐、胶体、有机物、细菌、微生物等杂质，具有能耗低、无污染、工艺先进、操作维护简便等优点。经反渗透处理后的出水可回用于生产工艺用水。

7.2　农副产品加工园区水污染控制管理对策

农副产品加工园区是沈阳经济社会发展的重要区域，对经济社会发展发挥了重大作用，与此同时也给当地的水资源、水环境和水生态造成了沉重压力，严重影响园区的经济、社会、环境的健康持续发展。

重点污染行业（乳制品制造行业、屠宰及肉类加工行业、饮料制造行业）企业的污染物总量减排是农副产品加工园区"十二五"期间减排的核心。此外，希杰（沈阳）生物科技有限公司由于其排水量大、产污环节的 COD、NH_4^+-N 浓度很高，对蒲河北污水处理厂能否正常运行有直接的影响，因此该企业同样是园区"十二五"期间减排工作的核心。如何完成重点污染行业污染物总量减排目标将是保证园区经济可持续发展的关键。

在对农副产品加工园区乳制品制造行业、屠宰及肉类加工行业、饮料制造行业及其他农副食品加工行业典型企业调研的基础上，掌握了这些企业的生产工艺流程、产污环节与排污特征，以及在厂内外水污染控制方面的技术和管理现状。在总结典型污染行业企业在厂内外污染控制方面存在的共性问题基础上，基于水污染控制及回用技术与管理两层面，提出了农副产品加工园区典型行业企业厂内外污染控制对策。

7.2.1 农副产品加工园区水污染控制技术体系

1. 农副产品加工园区构成要素及功能分析

农副产品加工园区由环保部门在内的地方管理部门、企业、综合污水处理厂以及与园区建设和发展密切相关的社会公众等要素构成（图 7-6）。园区水污染控制体系的建立和水污染控制目标的实现，均离不开园区各构成要素功能的有效发挥。园区水污染控制工作，既需要地方管理部门做好对园区产业布局的规划以及对企业的管理、服务、引导，也需要企业做好清洁生产、高效用水、资源回收以及污水处理工作，还需要园区综合污水处理厂强化综合污水的处理和各种途径的再生回用，更离不开社会公众在清洁生产和污染负荷消减督促方面的舆论引导作用。

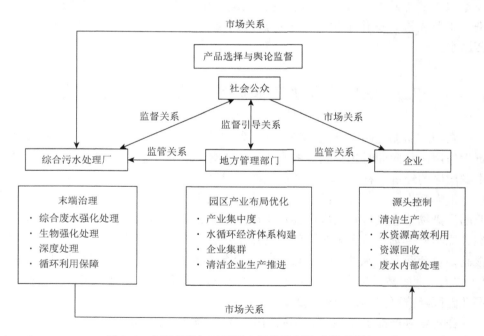

图 7-6　农副产品加工园区水污染控制技术体系框架

1）地方管理部门

作为农副产品加工园区的行政管理部门，其主要职能为：制定并组织实施园区行政管理规定；研究编制并组织实施园区总体规划；负责园区的规划、建设、管理和协调；负责园区的招商引资、对外经济技术合作；按规定权限和程序审核、审批园区的投资项目、建设和管理园区各项基础设施、公共设施；对园区企业宏观指导、管理和协调等。在园区水污染控制中，包括环保部门在内的管理部门的主要功能为：优化园区产业布局；推进园区循环经济构建和企业清洁生产；负责对园区内企业和综合污水处理厂外排污水处理和污染负荷消减的监管。

2）企业

作为农副产品加工园区的基本组成单位，企业不仅是各类产品的生产者，也是废水的主要排放者，还是园区内水资源消耗的主要用户。在整个园区的水污染控制体系中，企业的功能主要体现在清洁生产的组织实施、水资源高效利用与资源回收技术的开发应用，以及对生产污水的内部达标排放处理等方面。

3）综合污水处理厂

南小河污水处理厂、蒲河北污水处理厂等是园区污水排放的最后环节，也是园区污染物排放负荷消减和水污染控制的最后关口，更是园区污水再生利用的水源所在，其建设和运行的质量直接决定着蒲河水体污染负荷和所开采周边水体水资源量的大小，进而决定着其对周边水环境质量的影响程度。因此，在整个园区水污染控制体系中，综合污水处理厂的功能为：保障园区污水的有效处理与稳定达标排放；再生利用水源保障与再生水生产；分析和反馈进水状况；协助地方环保部门加强对企业外排污水的监控。

4）社会公众

社会公众与园区的建设发展，特别是与企业的生产活动息息相关。要真正实现园区污染负荷的消减，除企业自身的自觉认识和地方环保部门的强力督促和监管外，作为企业产品最终用户的社会公众通过对企业产品的选择和企业外排污染负荷情况的舆论监督等方式也能够发挥不可或缺的重要作用。

2. 农副产品加工园区构成要素的关联关系分析

农副产品加工园区作为一个由多要素构成的系统，其水污染控制目标的最终实现，除了各要素功能的良好实现外，还需要理顺和把握好各自构成要素之间的关联关系，从而采取适当的政策和技术措施来开展水污染控制工作。最大程度地确保园区水污染控制体系各构成要素功能的良好实现和协调彼此之间的管理，是开展园区水污染控制工作不可或缺的组成部分。

1）管理部门与企业的监管关系

由地方环保部门在内的管理部门对企业的生产行为进行宏观管理与指导，通过清洁生产推进机制、节水效能评估、污水排放标准制定实施等方式，对企业清洁生产进展、水资源高效利用、污水排放等情况进行重点监管。与此同时，企业可根据自身情况就管理部门的监管工作提出反馈意见和建议，从而更好地促进园区水污染控制源头监管工作的开展。

2）管理部门与综合污水处理厂的监管关系

由地方环保部门对园区综合污水处理厂的出水水质定期进行监测，对其未能达标排放情况进行处理，并责成其采取措施确保出水的达标排放。与此同时，综合污水处理厂也通过对进水状况的反馈等途径为地方环保部门对企业污水排放情况的监管提供依据和信息。

3）综合污水处理厂与企业的市场关系

通过市场服务的方式将企业排出的污水进行收集和处理，从而确保园区污染负荷的有效消减；综合污水处理厂与企业应该就企业外排水的水量、水质与综合污水处理厂进水水质要求之间的关系达成协议，确保企业污水的内部处理，以达到综合处理的经济、高效、安全。

4）社会公众与企业的市场关系

社会公众可通过购买企业产品的方式来影响企业向清洁生产、循环利用和强化企业内部污水处理的方向转变，从而促进园区污染负荷的源头削减。因此，加强对社会公众舆论引导，使社会公众认识到企业进行清洁生产、循环利用和加强企业内部污水处理对所处生存环境改善和公众健康保持的重大意义，进而影响其对企业产品的选择，督促企业更加自觉地向清洁生产、循环利用和强化企业内部污水处理的方向转变。

5）社会公众与综合污水处理厂的监督关系

通过地方环保部门对综合污水处理厂出水监测情况的公开，形成公众舆论，从而监督综合污水处理厂的管理和运行。

6）社会公众与管理部门的监督引导关系

社会公众就管理部门的工业园区布局规划、清洁生产推进机制、污染水排放标准的制定和实施以及相关监管工作进行监督和反馈，管理部门也通过各种途径和平台引导社会公众在产品选择和舆论倾向上有利于促进园区内企业的清洁生产、循环经济和对所产生的污水有效处理。

7.2.2 典型行业企业水污染控制管理现状

1. 管理部门对策现状

农副产品加工园区企业外部水污染控制管理以地方环保部门的管理为主，地方环保部门对企业的水污染控制管理主要采取以下几种方式与措施。

（1）园区内约 70%配备污水处理设施的企业的最后排污口设置在线监测装置，其数据能够长期储存，对企业污水处理设施起到了是否正常运行、水质是否达标等监督作用。地方环保部门将对园区内已建有污水处理设施的所有企业设置在线监测装置。

（2）地方环保部门定期（一周一次）走访企业内部，从污水进入污水处理设施到排放，进行全过程的跟踪观察，并进行污水处理设施运行记录，针对运行中出现的问题给予指导或帮助。

（3）企业的环保负责人定期（一个月一次）到地方环保部门汇报企业的污水处理设施运行情况，并接受环保部门针对水污染控制方面的培训。

（4）地方环保部门定期（一周一次）对蒲河北污水处理厂、南小河污水处理厂等园区综合污水处理厂进行检查，对排入污水处理厂的污水水质进行分析。在出现水质异常情况时，可根据水质异常的特点，能够判断出哪家企业污水超标排放，对该企业给予警告或罚款。

随着农副产品加工园区企业数量及企业规模的不断扩大，虽然地方环保部门与企业内部采取了一系列措施来进行水污染负荷的消减，但在园区的水污染控制工作方面仍然存在缺乏技术和管理等方面的问题。

2. 企业内部对策现状

目前，典型行业企业内部采取的水污染控制技术和管理上的对策主要包括以下几个方面。

（1）企业内部建设了与生产废水水质特征相匹配的污水处理设施，且设置了污水处理设施专有技术负责人员与运行管理人员。其中，希杰（沈阳）生物科技有限公司专门设有环保部门，其污水处理设施运行非常正规和系统化，部门设有约 30 人的专业化队伍，不仅能够顺利完成达标排放的要求，还能够及时解决各种突发状况。其他大部分的企业内部设置了 1～2 名专有技术负责人员（科长或组长）以及 3～6 名污水处理工。

大部分企业在污水处理设施运行初期，对污水处理工进行过相关的技术培训，使其掌握一定的污水处理技术及其运行管理知识。近几年来，大部分企业主要根据污水处理设施运行过程中遇到的问题组织有关单位或水处理专家进行技术交流，积累了一定的污水处理相关知识和运营管理经验。

企业对污水处理设施的运行做了很多严格的、较为详细的规定，如运行管理制度、人员岗位职责制度、维护技术操作规程以及安全环保领导职责等，以保证污水处理设施的正常运行。

（2）在这些典型行业企业内部持续地开展节能减排、污染物防治等方面的宣传教育活动，主要采取会议、展板、横幅以及各种环保活动等形式。企业通过广泛宣传全面提高员工清洁生产意识。

蒙牛乳业（沈阳）有限责任公司秉承"开发与保护同步、人类与自然共存"的理念，成立了由总经理直接领导的环保小组，提高了广大员工对环保工作的重视。此外，在保证出水稳定达标的同时，也积极致力于提升厂区的生态环境建设与中水回用效率。建设了独具特色的金鱼池、绿荫长廊、员工爱心菜地及果园，以及使用回用水进行厂区绿化，修建了音乐喷泉与人工小溪，不仅为员工提供了良好的休闲娱乐场地，同时也大大提升了回用水的利用率，实现了经济效益与环境效益的双丰收。

总体来说，园区内大部分企业在水污染控制方面做出了一定的技术和管理上的对策，但不同的企业在重视程度、相关规定执行力度、是否形成规模化、系统化等方面存在着较大的差异。

7.2.3　农副产品加工园区水污染控制管理增效

农副产品加工园区污染负荷的有效消减，需立足园区规划、企业生产和水污染治理的全过程，逐步形成"布局优化、源头控制、过程消减、末端治理、循环利用"的水污染全过程控制策略，构建并不断完善园区的水污染控制技术集成方案，在监管督促、适用技术研发、企业自身认识提高和社会公众关注等方面持续加大投入力度，尽可能消除园区污染物排放对周边环境的不利影响，促进水资源的高效利用和水生态环境的改善。

1. 合理引入驻区企业

受园区地理位置和水体的自然净化能力影响，合理设置产业结构，多引进无用水或少用水的企业，减少废水的排放，变恶性循环为良性循环，起到发展经济、控制污染的作用。

2. 加强环保监管，狠抓污染治理

以水污染防治为重点，督促污水直排的小企业完成污水处理设施建设，彻底消除污水直排现象，确保排污设施正常运行、污染物达标排放。加强企业环保监管力度，对偷排、漏排现象进行集中整治，对屡教不改的企业进行媒体曝光，建立环境保护的长效机制，有效防止"污染—整治—再污染—再整治"的恶性循环。

3. 完善企业污水处理设施运行的机制

企业污水处理设施的后续维护管理是实现企业内部乃至园区综合污水处理厂

能够长期、稳定发挥作用的最重要保障措施。尽管企业内部建设了污水处理设施并采取了一定的管理措施，但多数企业在污水处理设施的维护和运行管理上仍存在不少问题，如技术负责人或运行管理人员的知识水平和素质较低，导致污水处理设施的损坏程度高、部分设备成摆设等问题。这种粗放的管护方式既不能优化管理、节约运行成本，又不能处理运行中的重要技术问题，不利于设施正常运行。对于内部有较高技术负责人的企业，可采取自行或邀请外部专家的方式，定期对污水处理设施进行运行管理检查，找出存在的问题并整改完善，以达到污水处理设施持续正常运行的目的。对于缺乏技术水平较高负责人的企业，课题组建议采用委托专业运营管理模式。企业污水处理设施的社会化与市场化是污水处理设施运行管理的发展趋势，可解决企业的技术水平较差、管理负担较重等问题，但是园区企业较多，差异性较大，短时期内完全统一实现社会化与市场化难度较大，需要一个循序渐进的过程。可根据企业经济条件、管理水平，因地制宜采取适合企业的污水处理设施运行管理模式。

4. 鼓励企业自主创新，转变发展模式

大力推广和应用节约资源的新技术、新工艺、新设备，加大对资源节约和循环利用等关键技术的攻坚力度，努力构建较为完备的技术支撑体系。大力发展循环经济提高资源利用率，降低废物排放量，实现可持续发展。支持和鼓励企业采用先进适用的生产技术进行清洁生产，推进环境管理体系认证，形成推进清洁生产的良好机制。

5. 提高企业用水重复利用率，减少污染物排放量

提高企业用水重复利用率是国家节能减排的一项重要手段，既可减少污染物的排放量，又可降低企业的运行成本，一举两得。

6. 加强宣传，提高企业的环保意识

让企业有足够的环保意识，是环境保护和污染治理的重要部分。只有让企业对环境保护有了充分的认识，认识环境保护的重要性和企业可持续发展，做好环境保护，才能更好地发展企业，从而才能从"源头"上落实好环境保护工作，做好污染治理。

参 考 文 献

蔡名跳. 2016. 脉冲厌氧反应器＋A/O 工艺在水产加工废水处理中的应用. 资源节约与环保，2：56.

蔡明亮，白生杰，刘明华. 2016. 造纸黑液的处理及资源化利用现状. 华东纸业，47（1）：39-42.

曹恩豪，李军，胡劲，等. 2016. 造纸法再造烟叶废水处理与回用技术研究进展. 中国造纸，35（7）：75-82.

曹盼. 2015. 烟草工业废水处理工艺的研究进展. 资源节约与环保，（12）：73.

曹笑笑，吕宪国，张仲胜，等. 2013. 人工湿地设计研究进展. 湿地科学，11（1）：121-128.

陈恺立，王仲旭，郑艳芬. 2015. 啤酒废水治理工程改造. 水处理技术，3：128-130.

陈林森. 2011. 混凝气浮＋水解酸化＋CASS 工艺处理苹果汁废水的工程应用研究. 河北农业科学，15（1）：78-80.

陈士明，刘玲. 2011. 微絮凝直接过滤-超滤组合工艺深度处理印染废水. 环境工程学报，5（11）：2565-2570.

陈西路，王伟，林理生. 2015. 一种造纸法再造烟叶废水处理系统：中国，CN201520093134.

陈晓峰. 2016. ABR＋接触氧化工艺处理中药提取生产废水工程实例. 广东化工，43（15）：299-300.

陈星，刘士军. 2016. 预处理＋脉冲式厌氧滤池＋CASS 工艺处理屠宰及肉类加工废水工程应用. 轻工科技，8：98-99.

陈勇，李钢，辛银平. 2015. 淀粉厂废水处理工程改造及其运行效果. 中国给水排水，14：101-103.

陈钰，潘晓琴，钟振声，等. 2010. 马铃薯淀粉加工废水中超滤回收马铃薯蛋白质. 食品研究与开发，31（9）：37-41.

程宝箴，何秀，丹炳阳，等. 2014. 介孔 TiO_2 的制备及其处理制革染色加脂废水的研究. 中国皮革，43（13）：1-4.

程鹏，刘玉，井珉. 2015. ABR-UASB-百乐克-深度处理应用于酒精废水工程实践. 水处理技术，6：129-131.

池俊杰，周元祥. 2015. 高浓度茶多酚废水工程升级改造实例. 绿色科技，4：207-210.

崔丽娟，张曼胤，李伟，等. 2010. 人工湿地处理富营养化水体的效果研究. 生态环境学报，19（9）：2142-2148.

崔旸，苏文涛，高平，等. 2012. 还原性硫化物微生物燃料电池偶联偶氮染料降解. 应用与环境生物学报，18（6）：978-982.

邓述波，胡筱敏，罗茜. 1999. 微生物絮凝剂处理淀粉废水的研究. 工业水处理，5：8-10.

董春艳，张尊举，孙蕾. 2011. 气浮-复合好氧反应器-BAF 处理屠宰废水. 环境工程，29（1）：29-31.

符瞰，张菊，梁燕波，等. 2014. 厌氧/一体化氧化沟工艺处理橡胶废水. 中国给水排水，2：76-79.

高春芳,刘超翔,王振,等.2011.人工湿地组合生态工艺对规模化猪场养殖废水的净化效果研究.生态环境学报,20（1）：154-159.

高红杰,王帅,宋永会,等.2013.潮汐流-潜流组合人工湿地污水净化效率.环境工程学报,7（10）：3743-3748.

高洪刚.2014.厌氧-好氧-接触过滤工艺处理食糖精炼废水的应用研究.青岛：青岛理工大学.

高蕾.2013.水产品加工废水含盐量对接触氧化工艺处理效果的影响研究.青岛：青岛理工大学.

高廷东,王道虎.2009.水解酸化-多级接触氧化工艺处理大蒜废水.环境工程,27（3）：23-25.

顾晓丽,乔启成.2012.鱿鱼加工废水处理工程设计实例.工业用水与废水,43（5）：82-84.

桂琪,周亮,张海霞.2013.水解酸化/好氧氧化/沉淀处理甘蔗制糖废水.中国给水排水,29（24）：83-85.

郭海林,周宇松,李亮,等.2016.MBR＋反渗透双膜法处理印染废水及其回用工程实例.水处理技术,3：132-135.

郭英丽.2014.水解酸化＋SBR工艺处理屠宰废水实例.河南城建学院学报,23（4）：52-55.

国家环境保护总局.2002.水和废水监测分析方法.4版.北京：中国环境科学出版社：211-258.

国家环境保护总局.2003.地表水和污水监测技术规范（HJ/T 91—2002）.北京：中国环境出版社.

韩彪,张维维,张萍.2010.甘蔗制糖废水的ABR-CASS处理工艺.广西科学院学报,26（2）：156-158.

何才昌.2017.混凝＋A/O＋臭氧-曝气生物滤池深度处理印染废水工程.水处理技术,3：136-138.

贺延龄.1998.废水的厌氧生物处理.北京：中国轻工业出版社.

黑亚妮,马宏瑞,郭颖艳,等.2016.Zr-MMT纳米材料吸附铬鞣废水中Cr(III)的研究.功能材料,47（3）：51-55.

胡念武.2014.延长再造烟叶生产循环水使用周期的研究.纸和造纸,33（10）：45-48.

胡晓莲,王西峰.2009.脱水蔬菜生产废水处理工程实例.中国给水排水,25（4）：56-58.

胡亚萍,马晓力,董贝贝.2012.制糖废水的主要处理工艺及发展方向刍议.环境科学导刊,31（6）：78-82.

黄佳蕾,陈滢,刘敏,等.2017.两相厌氧＋好氧工艺处理糖蜜废水的研究.给水排水,3：78-83.

黄武.2001.UASB-SBR工艺和Lipp制罐技术处理高浓度酒精废水的研究.工业水处理,21（9）：37-40.

黄一洲.2011.马铃薯淀粉废水处理新工艺的开发研究.北京：北京化工大学.

黄志忠,屈泓.2016.玉米原料酒精生产污水零排放工艺研究及应用.酿酒,43（1）：71-75.

黄自力,郑春华.2007.松脂加工废水物化方法强化处理.工业水处理,27（1）：75-77.

贾陈忠,秦巧燕,卫华,等.2015.印染工业园区废水集中处理工艺改造.中国给水排水,16：102-105.

贾秋平,韩晓辉,李素娜.2003.CAF涡凹气浮——生物接触氧化工艺在制革废水处理中的应用.环境保护科学,29（2）：20-22.

贾艳萍,贾心倩,宗庆,等.2015.生物技术在屠宰废水处理中的应用研究进展.工业水处理,35（3）：10-12.

姜涛,兰凤岗,陆成栋,等.2011.UASB工艺处理可乐废水的厌氧研究.广东化工,38（8）：

129-130.

蒋岸, 倪宁, 高中方, 等. 2015. 气浮+水解酸化+接触氧化等组合工艺处理卷烟厂废水. 工业水处理, 35 (6): 89-92.

蒋健翔, 次新波, 万先凯, 等. 2010. 厌氧内循环工艺在废纸造纸废水处理中的应用. 工业水处理, 30 (11): 89-92.

蒋克彬, 张小海, 王守标. 2008. 油脂废水的处理措施. 粮油加工, (9): 40-42.

焦光联, 安兴才, 吕建国. 2008. 膜分离技术回收干酪素生产废水酪蛋白的中试研究. 食品工业科技, 2: 217-219.

金莹莹, 裘鸿菲. 2013. 城市湖泊型湿地公园景观营建研究——以东湖国家湿地公园为例. 华中建筑, 12: 110-114.

靳秀梅. 2015. 中粮肇东公司 DDGS 生产系统优化方案研究. 长春: 吉林大学.

景长勇, 纪献兵, 凌绍华. 2016. 大蒜切片加工废水处理工程实践. 中国给水排水, (22): 124-127.

康朝平, 陈美娟. 2006. 松脂加工废水处理流程探讨. 生物质化学工程, 40 (6): 34-36.

康小虎, 曾小英, 李师翁. 2015. 乳制品工业废水生物处理工艺研究进展. 水处理技术, 6: 1-5.

李红光. 1995. 糖蜜酒精废水浓缩治理技术. 甘蔗糖业, (6): 40-44.

李华明, 李欲如, 李玉琼, 等. 2016. 毛皮加工废水处理与回用实践. 中国给水排水, (2): 79-83.

李慧, 李涛, 王文, 等. 2012. 屠宰废水处理工程的设计及运行. 中国给水排水, 28 (24): 64-66, 70.

李金成, 李伟, 李杰, 等. 2011. 兼氧-接触氧化-砂滤工艺处理葡萄酒生产废水. 给水排水, 37 (2): 65-67.

李金成, 张旭, 张慧英, 等. 2014. Fenton 预氧化—SBR 处理葡萄酒废水试验研究. 工业水处理, 34 (4): 47-50.

李克勋, 王太平, 张振家. 2005. 薯干酒精糟液治理途径探讨. 工业水处理, 25 (2): 13-15.

李立春, 郑先强, 冯丽霞, 等. 2013. 气浮/MBR/Fenton 组合工艺处理粮油加工废水. 中国给水排水, 29 (10): 60-62.

李龙山, 倪细炉, 李志刚, 等. 2013. 5 种湿地植物对生活污水净化效果研究. 西北植物学报, 33 (11): 2292-2300.

李梅, 刘艳菊, 张兆海. 2007. UASB+接触氧化+SBR 工艺在酒精废水处理中的应用. 水处理技术, 33 (8): 82-84.

李胜超. 1999. 当前我区甘蔗糖厂酒精废液几种处理方法的调查. 轻工科技, 3: 43-46.

李伟, 梁倩, 苗技军, 等. 2016. 厌氧+好氧+深度处理技术在制浆造纸废水处理中的实践. 纸和造纸, 35 (4): 28-31.

李晓婷. 2016. UASB+CASS 组合工艺处理啤酒废水工程实例. 工业水处理, 36 (3): 93-96.

李新, 刘勇弟, 孙贤波, 等. 2012. UV/H$_2$O$_2$ 法对印染废水生化出水中不同种类有机物的去除效果. 环境科学, 33 (8): 2728-2734.

李亚峰, 刘洪涛, 单信超. 2013a. 气浮-水解酸化-接触氧化-混凝气浮-过滤工艺处理屠宰废水. 给水排水, (1): 63-65.

李亚峰, 任晶, 刘洪涛. 2013b. UASB-SBBR-混凝-气浮工艺处理马铃薯淀粉废水. 工业水处理, 33 (6): 90-92.

李育蕾, 补忠勇, 霍金华. 2011. 厌氧-接触氧化法在烟草生产废水处理中的应用. 绿色科技, 6:

12-14.

李长江. 2011. 流动床 SBR 处理饮料废水的试验研究. 环境科学与管理, 36 (7): 121-124.

郦青. 2016. 芬顿氧化 + SBR 工艺处理家具喷漆废水的实例. 能源环境保护, 30 (6): 7-9.

梁波, 徐金球, 关杰, 等. 2015. 生物法处理印染废水的研究进展. 化工环保, 35 (3): 259-266.

梁文钟, 周伟坚, 谢丹平, 等. 2016. UASB + 生物接触氧化处理酸性饮料废水工程实例. 工业水处理, 36 (12): 103-105.

梁新佳. 2015. 甘蔗制糖废水处理之氧化沟与 CASS 工艺比较. 轻工科技, 9: 92-94.

林方敏, 庞志华, 骆其金, 等. 2017. 三级隔油-气浮-A/O 工艺处理植物油精炼废水. 水处理技术, (3): 128-130.

凌祯, 杨具瑞, 于国荣, 等. 2011. 不同植物与水力负荷对人工湿地脱氮除磷的影响. 中国环境科学, 31 (11): 1815-1820.

刘斌. 2013. 水解酸化 + IC + CASS + BAF 处理白酒废水工程. 广东化工, 8: 105-106.

刘长娥, 宋祥甫, 刘福兴, 等. 2014. 潜流-表面流复合人工湿地的河道水质净化效果. 环境污染与防治, 36 (8): 11-18.

刘德敏, 李娜, 初兆娴, 等. 2014. 化学絮凝 + ABR + 氧化沟工艺处理草浆造纸废水. 当代化工, (10): 1985-1987.

刘海亚, 朱定松. 2005. 黄酒工业废水处理技术. 工业水处理, 25 (2): 67-68.

刘华, 孙丽娜, 陈锡剑, 等. 2015. 隔油调节/气浮/UASB/CASS 工艺处理乳业废水. 中国给水排水, 8: 93-95.

刘华. 2002. 中密度纤维板废水处理工艺的改进. 工业用水与废水, 33 (4): 64-66.

刘静, 刘强, 贺晓蕾. 2012. 皮革工业集聚区废水处理技术的研究与应用. 环境科技, 25 (1): 69-72.

刘俊, 闫珍. 2015. 染整工业园废水处理调试及运行研究. 安徽建筑大学学报, 1: 62-65.

刘立刚. 2015. 芦荟果汁饮料厂生产废水处理工程. 水处理技术, 8: 130-131.

刘梅荣, 欧阳深耕, 谢志成, 等. 2001. 无机膜处理油脂工业碱炼洗涤废水技术. 中国油脂, 26 (6): 36-37.

刘琪, 刘泽航. 2016. 中药废水处理工程应用研究. 环境科学与管理, 41 (6): 92-95.

刘伟. 2015. 白酒生产废水处理工程实例. 广东化工, 42 (10): 154-155.

刘晓春. 2014. 木材加工废水的治理方法. 吉林农业, 9: 75-75.

刘兴. 2017. UASB + A/O-HBR 工艺处理制革废水工程实例. 环境科技, 30 (2): 51-54.

刘寅, 赵庆, 杜兵. 2017. 某酱香型白酒生产企业废水处理工程设计. 给水排水, 2: 63-67.

刘玉川, 杨刚. 2017. TiO_2/AC 催化臭氧降解造纸废水. 南京工业大学学报 (自然科学版), 39 (2): 31-38.

龙儒彬, 孙磊. 2013. 混凝沉淀-UASB-SBR 法处理纤维板生产废水. 工业用水与废水, 44 (2): 59-61.

卢少勇, 金相灿, 余刚, 等. 2006. 人工湿地的氮去除机理. 生态学报, 26 (8): 2670-2677.

鲁玉龙, 祁华宝. 2002. 黄酒酿制米浆废水的处理. 工业用水与废水, 33 (2): 50-51.

陆燕勤, 张学洪. 2002. 两相厌氧-SBR 法处理米粉厂废水工程实践. 广西科学, 9 (4): 291-293.

马可民, 曲颂华. 1999. 厌氧-好氧工艺在长城葡萄酒厂废水处理中的应用. 环境保护, 1: 13.

马鹏飞, 马宏瑞, 罗羿超, 等. 2015. 制革染色废水中铬的电化学去除行为研究. 环境科学与技术，12：237-241.

买文宁，苗利，曾科. 2002. 葡萄酒废水处理工程的设计与运行. 工业用水与废水，33（2）：48-49.

孟祥宇，刘志强，高蕾，等. 2015. 含盐量对水产品加工废水处理效果影响的试验研究. 青岛理工大学学报，36（1）：85-89.

孟志鹏，郭冬冬，钟福新，等. 2013. Au-TiO$_2$ 纳米管阵列的制备及其在降解制糖废水中的应用. 桂林理工大学学报，33（3）：461-466.

南京林产工业学院. 1981. 天然树脂生产工艺学. 北京：中国林业出版社.

农业部农产品加工局. 2015. 关于我国农产品加工业发展情况的调研报告. 农业工程技术：农产品加工业，（6）：41-43.

聂丽君，周如金，钟华文，等. 2014a. 铁炭微电解-混凝沉淀-生物滤池组合工艺处理松节油加工废水研究. 工业用水与废水，45（5）：19-22.

聂丽君，周如金，钟华文，等. 2014b. 强化物化/生化法联合处理松节油加工废水. 中国给水排水，16：92-94.

聂志丹，年跃刚，金相灿，等. 2007. 3 种类型人工湿地处理富营养化水体中试比较研究. 环境科学，28（8）：1675-1679.

宁家胜. 2016. 橡胶加工废水处理技术应用实例. 农业科技与信息，2：47-48.

潘登，王娟，周俊强，等. 2013. 气浮/水解酸化/接触氧化/BAF 工艺处理饮料生产废水. 中国给水排水，29（2）：42-44.

潘利冲，林威，陈晓东，等. 2014. 活性污泥法-生物接触氧化组合工艺处理制革废水试验研究. 工业用水与废水，45（4）：12-14.

潘寻，胡文容. 2007. 臭氧处理柠檬酸废水的实验研究. 工业水处理，27（3）：31-34.

彭明江，周筝. 2016. 氧化沟和超效微气浮工艺处理造纸废水的工程应用. 成都工业学院学报，19（2）：17-19.

秦伟杰，张兴文，于鹏飞，等. 2008. 气浮-酸化水解-MBR 工艺处理木材蒸煮废水. 环境工程，26（3）：24-26.

邱毅军，李昌耀. 2010. 气浮＋生物接触氧化法处理饮料废水的技术研究. 能源环境保护，24（2）：45-47.

渠光华. 2012. 超高盐榨菜废水微电解-电解预处理工艺研究. 重庆：重庆大学.

单连斌，于宏静. 2015. 乳制品废水处理工程实例//中国环境学会. 2015 年中国环境科学学会学术年会论文集：第二卷. 北京：《中国学术期刊》电子杂志社有限公司：2652-2656.

沈连峰，施琪，李有，等. 2006. 水解-酸化法在味精废水处理中的应用. 环境污染与防治，28（5）：391-392.

沈淞涛，杨顺生，方发龙，等. 2003. 啤酒工业废水的来源与水质特点. 工业安全与环保，12：3-5.

沈政赢，袁东星，马剑，等. 2006. 超声波强化微生物对偶氮染料 AO$_7$ 的生物降解机理研究. 厦门大学学报（自然科学版），45（2）：243-247.

史谦，王挺，王睿. 2012. 谷氨酸生产废水处理工艺改造. 工业水处理，32（12）：80-83.

史振金. 2014. 粮油加工废水处理工程设计. 山东工业技术，13：133-134.

苏苏. 2014. 膜生物反应器在制药废水处理中的应用. 科技资讯，30：108.

苏焱顺. 2012. 氧化塘-ABR-A/O 氧化沟工艺处理制糖废水. 工业用水与废水，43（3）：74-76.

孙建国，邵巍.2006.UASB-AB 工艺处理黄酒废水.给水排水，32（12）：61-63.

孙建文，沈来云，胡颖华，等.1998.浙江塔牌绍兴酒厂废水处理和新能源示范工程简介.污染防治技术，2：116-117.

孙念超.2000.铁路木材防腐工业技术发展及环境保护措施.铁道物资科学管理，28（3）：9-11.

孙青斌，范毓萍.2012.酒精废水处理工程实例.河南机电高等专科学校学报，20（5）：26-28.

谭洪涛，黄胜，张清东，等.2014.复合式人工湿地浮桥技术处理系统实验研究.水处理技术，40（8）：87-91.

唐海，王军刚.2013.混凝预处理/ABR/SBR 工艺处理米粉废水.中国给水排水，29（8）：84-86.

唐行鹏，孟宪礼，侯成林，等.2016.某皮革厂皮革废水处理工程案例分析.环境工程，34（2）：63-68.

唐杰，伍健东，周兴求，等.2007.膜生物反应器处理酱油废水的试验研究.安全与环境学报，7（2）：68-71.

唐艳.2009.木材蒸煮废水处理工艺的实验研究.上海：东华大学.

陶涛，詹德昊，芦秀青，等.2001.普鲁兰预处理高浓度味精废水试验研究.给水排水，27（1）：39-42.

滕仕峰，王燨.2005.气浮＋生物接触氧化工艺处理食品加工废水.中国环境管理干部学院学报，15（4）：71-73.

汪永红，潘倩，王丽燕，等.2010.Fe-C-H$_2$O$_2$ 协同催化氧化处理印染废水.生态环境学报，26（6）：1374-1377.

王宏勋，邓张双，周帅，等.2007.利用淀粉废水生产多不饱和脂肪酸初步研究.环境科学与技术，30（6）：94-95.

王华章，徐国才，朱洪玲，等.2009.隔油-两级 A/O 工艺处理方便面生产废水.给水排水，35（5）：61-63.

王俊，孙莉莉，唐启，等.2014.混凝-Fenton 氧化工艺深度处理造纸法烟草薄片废水.河南科学，12：2570-2573.

王立军，张耀英.2016.屠宰废水处理工程设计与运行.中国给水排水，14：83-87.

王全勇，周项亮.2000.蔬菜加工业废水治理实例.山东环境，S1：176-177.

王荣，贺峰，徐栋，等.2010.人工湿地基质除磷机理及影响因素研究.环境科学与技术，6（30）：12-18.

王苏南，黄评，刘锋.2013.A/A/O＋MBR 组合工艺处理豆制品废水的研究.安徽农业科学，41（3）：1257-1259.

王炜.2010.O$_3$/H$_2$O$_2$ 法处理印染废水二级出水的试验研究.应用化工，39（8）：1194-1197.

王文正，张明霞.2011.IC-MBR 处理马铃薯淀粉废水的试验研究.工业水处理，31（1）：22-25.

王五洲，田晋平，别晓群.2013.玉米酒精生产废水处理工艺设计实例.中国给水排水，29（4）：68-70.

王五洲，徐宏英.2016.味精生产废水处理工艺设计实例分析.广东化工，43（20）：147-148.

王笑冬，崔芹芹，薛建良，等.2011.EGSB/生物接触氧化工艺处理啤酒废水.中国给水排水，27（14）：75-77.

王义，赵奂，王福芝，等.2012.光催化技术处理高浓烟草薄片废水//第十三届全国太阳能光化学与光催化学术会议学术论文集.北京：中国化学学会和中国太阳能学会：382.

王有乐，张宝茸，范志明，等. 2009. 淀粉废水培养复合型微生物絮凝剂产生菌研究. 工业水处理，29（10）：55-59.

王允妹. 2014. 沈阳市屠宰及肉类加工废水处理现状及技术对策. 环境保护科学，6：46-49.

王仲旭，郑艳芬. 2013. UASB＋A/O 处理甜菜制糖废水工程实例. 工业安全与环保，39（6）：6-8.

王仲旭，郑艳芬，全玉莲，等. 2013. 玉米淀粉废水治理工程改造. 水处理技术，39（3）：131-134.

文芒. 2010. ABR＋接触氧化组合工艺在酿酒废水处理工程中的应用研究. 成都：西南交通大学.

吴海艳，杨双春，李萍，等. 2017. 酸改性滑石吸油性的应用研究. 应用化工，46（1）：101-105.

吴海珍，曹臣，吴超飞，等. 2010. 水解/好氧双流化床工艺处理百事可乐生产废水. 中国给水排水，26（22）：64-68.

吴建华，刘锋. 2014. 滴滤床-接触氧化法处理乳品加工废水. 水处理技术，12：133-135.

吴君章，莫立焕，马青，等. 2014. Fe_2O_3/膨润土光催化 Fenton 降解造纸法烟草废水. 纸和造纸，33（12）：39-42.

吴娜娜，郑璐，李亚峰，等. 2017. 皮革废水处理技术研究进展. 水处理技术，1：1-5.

吴扬. 2017. 纤维过滤-絮凝-SBR-机械过滤工艺处理造纸废水实例. 山东工业技术，6：49.

吴振斌，成水平，贺锋，等. 2002. 垂直流人工湿地的设计及净化功能初探. 应用生态学报，13（6）：715-718.

吴振斌，詹德昊，张晟，等. 2003. 复合垂直流构建湿地的设计方法及净化效果. 武汉大学学报（工学版），36（1）：12-16，41.

武贤智. 2014. ABR-活性污泥法在制糖废水处理中的工程应用. 广东化工，41（15）：180-181.

夏沈阳，李孟，闫爱萍，等. 2014. 浅层气浮-吸附再生-氧化沟工艺处理再生纸废水工程. 给水排水，11：42-44.

向亚东. 2016. 生猪屠宰废水处理工程实践研究. 资源节约与环保，4：1673-2251.

肖春玲，李青萍. 2007. 农产品加工过程中的环境问题及对策. 食品科学，28（7）：553-555.

肖靓，孙大琦，石燕，等. 2016. 废纸造纸废水处理技术的研究进展. 水处理技术，1：20-25.

谢国建，徐佳，沙昊雷，等. 2015. 混凝-电解预处理木材蒸煮废水的研究. 环境科学导刊，5：69-71.

熊佳晴，马梅，郑于聪，等. 2014. 不同基质表流人工湿地对高污染河水的净化效果. 水处理技术，40（10）：70-74.

徐冬梅. 2012. 气浮-水解酸化-MBR 膜法工艺在烟草废水处理中的应用. 现代制造，15：102-104.

徐富，邵尤炼，缪恒锋，等. 2013. 青岛某啤酒废水处理工程实例. 给水排水，39（2）：88-93.

徐鹏，张晓东，朱乐辉. 2013. UASB-接触氧化工艺处理屠宰及肉类加工废水. 水处理技术，39（2）：123-126.

徐伟，刘哲俊，裘建平，等. 2016. IC-MBR-高级氧化法处理高浓度中药废水工程实践. 水处理技术，6：134-136.

徐文，张江雄，唐文浩，等. 2014. 海南省天然橡胶加工废水综合处理及利用技术分析. 现代农业科技，1：241-242.

徐雪. 2013. 缺氧/好氧平板膜生物反应器处理水产品加工废水的试验研究. 青岛：青岛理工大学.

徐志标，童学强. 2014. 水解酸化-SBR 工艺处理方便面生产废水工程实例. 工业用水与废水，45（1）：69-71.

许吉现，胡卜元，武斌，等. 2007. 混凝沉淀/水解酸化/SBR 工艺处理乳品废水. 中国给水排水，

23（6）：71-74.

许金花. 2009. 食品添加剂废水深度处理工艺研究. 广州：华南理工大学.

许青兰，沈浙萍，张刚. 2015. 初沉-气浮-兼氧-SBR-生物滤池处理皮革废水工程改造实践. 石化技术，22（8）：244-246.

许翔. 2004. 方便面和饮料生产废水处理技术. 环境工程，22（2）：99-101.

薛鹏程，刘锋，赵应群，等. 2016. 植物油废水处理工程实例. 工业水处理，36（10）：91-93.

闫海红，年跃刚，周岳溪，等. 2015. 预处理-水解酸化-厌氧-好氧工艺对玉米淀粉废水有机污染物的降解. 环境工程学报，9（10）：4673-4679.

杨长明，马锐，山城幸，等. 2010. 组合人工湿地对城镇污水处理厂尾水中有机物的去除特征研究. 环境科学学报，30（9）：1804-1810.

杨剑锋. 2014. 物化与氧化沟处理制革废水治理节能改造工程. 资源节约与环保，7：56-57.

杨瑞洪，钱琛，赵云龙，等. 2011. 气浮-磁分离工艺处理含油废水. 化工环保，31（4）：342-345.

杨卫，李孟，闫爱萍. 2015. 脉冲水解/EGSB/倒置 A^2/O 工艺处理玉米淀粉废水. 中国给水排水，18：95-97.

姚淑华，石中亮，宋守志. 2004. 壳聚糖复合净水剂处理再生造纸废水的研究. 东北大学学报（自然科学版），25（12）：1195-1198.

姚颐，江丹丹，李杰. 2012. EGSB-CASS-生物滤池工艺处理天然橡胶加工废水. 再生资源与循环经济，5（3）：36-38.

佚名. 1981. 柳州木材防腐厂含油、酚、五氯酚工业废水处理效果监测报告. 铁路节能环保与安全卫生，2：25-28.

易利芳，王震，梅荣武. 2016. 混凝＋A/O＋Fenton＋砂滤工艺处理印染废水工程实例. 水处理技术，（1）：125-127.

余东. 2014. 水解酸化＋接触氧化技术在水产品加工废水处理中的应用. 能源与环境，5：81-82.

余江，王琪，沈晓鲤，等. 2014. 好氧＋人工湿地组合工艺处理屠宰废水设计与运行. 环境科学与技术，5：154-158.

俞关松，毛青钟. 2012. 黄酒浸米浆水作复制糟香白酒投料水的研究. 酿酒，39（5）：71-72.

俞津津，黄冠男，姬玉欣，等. 2011. 水产品加工废水生物处理工艺研究进展. 环境科学与技术，34（11）：76-82.

俞林波，许艳. 2009. 预酸化＋UASB＋CASS 工艺处理乳业废水. 环境科技，22（6）：39-41.

俞卫华. 2002. 米浆水循环利用处理方法的研究. 杭州：浙江工业大学.

俞晓丽，仲兆祥，邢卫红. 2010. 无机陶瓷膜在植物油废水处理中的实验研究. 化学工程，38（1）：84-88.

虞建华，稽春红. 2017. 皮毛加工业废水治理的常用技术与展望. 广州化学，42（3）：1-4.

郁桂林. 2007. 木材蒸煮废水的处理工艺研究. 上海：上海师范大学.

袁松. 2010. 混凝沉淀-水解酸化-接触氧化法处理柑橘加工废水. 水处理技术，36（7）：123-125.

曾国驱，贾晓珊. 2014. 制革废水的厌氧氨氧化 ABR 脱氮工艺研究. 环境科学，12：4618-4626.

张凤娥，李飞，董良飞，等. 2011. 常州某纺织园印染废水处理工艺改造研究. 环境工程学报，5（3）：589-592.

张国宣，褚喜英，师媛媛，等. 2017. 膜生物反应器处理食品工业废水的研究进展. 河南化工，34（3）：13-17.

张洪刚, 洪剑明. 2006. 人工湿地中植物的作用. 湿地科学, 4 (2): 146-154.

张华. 2017. 中药饮片废水处理工程实例. 辽宁化工, 46 (3): 232-236.

张会展, 牛瑞胜, 洪荷芳. 2011. 光催化氧化-UASB-A/O 处理食品添加剂废水. 水处理技术, 37 (5): 129-131.

张金菊, 李川, 高慧燕, 等. 2016. 啤酒生产废水处理工程实例. 山东化工, 45 (14): 148-149.

张恺扬. 2016. 天然橡胶加工废水深度处理回用工程实例. 工业用水与废水, 47 (2): 62-65.

张立峰, 赵永才. 2006. 气浮-水解酸化-活性污泥工艺处理柑橘加工废水. 给水排水, 32 (4): 59-62.

张司桥. 2009. 隔油沉淀-曝气调节-混凝气浮-A²/O 工艺在水产加工废水处理中的应用. 水处理技术, 35 (6): 110-112.

张涛, 董波, 李颖泉, 等. 2013. 气浮 + UASB + SBR 技术处理高浓度淀粉废水工程实践. 水处理技术, 39 (5): 123-124.

张巍, 赵军, 郎咸明, 等. 2010. 人工湿地系统微生物去除污染物的研究进展. 环境工程学报, 4 (4): 721-728.

张心红. 2017. MBBR 工艺在水果深加工废水治理中的应用. 能源环境保护, 31 (1): 8, 42.

张燕, 庞南柱, 蹇兴超, 等. 2012. 3 种人工湿地基质吸附污水中氨氮的性能与基质筛选研究. 湿地科学, 40 (1): 87-91.

张以飞, 陆朝阳, 余文敬. 2015. 制浆造纸废水处理工程实例. 污染防治技术, 1: 68-70.

张永锋, 付振娟, 郝云升. 2006. 低压纳滤膜法回用乳制品废水的研究. 内蒙古工业大学学报, 25 (3): 204-209.

赵光, 郑盼, 郭海娟, 等. 2016. 糖浆废水与牛粪厌氧共发酵产甲烷特性研究. 可再生能源, 9: 1403-1410.

赵维韦, 宋建华, 许建刚, 等. 2015. 啤酒饮料废水综合利用新进展. 酿酒科技, 8: 93-95.

赵希锦, 伍学明, 简磊, 等. 2015. 超声波-芬顿法协同处理焦糖废水的研究. 广东化工, 42 (5): 100-101.

赵应群, 刘锋, 马三剑. 2013. IC-氧化沟-Fenton 氧化处理烟草薄片废水. 工业用水与废水, 44 (6): 68-70.

郑平, 胡宝兰, Joe D S H. 2002. UASB 工艺常温处理木薯加工废水. 太阳能学报, 23 (6): 774-777.

郑艳芬, 王仲旭, 姚宝军, 等. 2012. 水果罐头加工废水治理工程改造. 水处理技术, 38 (12): 133-136.

郑育毅, 唐静珍, 潘智勇. 2001. 物化法处理松脂加工废水. 工业水处理, 21 (6): 40-42.

钟福新, 林莎莎, 朱义年, 等. 2011. La/Fe 共掺杂 TiO_2 纳米管阵列光催化降解制糖废水. 环境科学学报, 31 (7): 1450-1455.

周国华, 万端极, 张学军, 等. 2009. 膜技术处理烟草薄片抄造废水研究. 化学工程师, 23 (5): 31-33.

周鹏, 李爱雯, 胡文涛, 等. 2016. 电催化氧化 + 混凝沉淀 + 水解酸化 + MBR 联合处理松脂生产废水. 能源与环境, 2: 80-81.

周元清, 李秀珍, 李淑英, 等. 2011. 不同类型人工湿地微生物群落的研究进展. 生态学杂志, 30 (6): 1251-1257.

朱翠霞，吕建伟. 2008. 葡萄酒生产废水处理工程. 给水排水，34（3）：66-67.

朱和林，来东奇. 2016. 印染废水处理及回用工程实例. 印染，21：31-33.

朱靖. 2009. 鱼糜加工废水治理工程实例分析. 环境污染与防治，31（2）：105-107.

朱文秀，黄振兴，任洪艳，等. 2012. IC 反应器处理啤酒废水的效能及其微生物群落动态分析. 环
    境科学，33（8）：2715-2722.

邹敏，周海民. 2004. 植物油厂废水处理技术与实践. 环境科学与技术，27（1）：62-63.

邹振生，邹清川，郭建强，等. 2012. 双膜式反应器处理屠宰废水回用工程研究. 给水排水，1：
    325-327.

Achour M，Khelifi O，Bouazizi I，et al. 2000. Design of an integrated bioprocess for the treatment of
    tuna processing liquid effluents. Process Biochemistry，35（9）：1013-1017.

Acuner E，Dilek F B. 2004. Treatment of tectilon yellow 2G by *Chlorella vulgaris*. Process
    Biochemistry，39（5）：623-631.

Almandoz M C，Pagliero C L，Ochoa N A，et al. 2015. Composite ceramic membranes from natural
    aluminosilicates for microfiltration applications. Ceramics International，41（4）：5621-5633.

Al-Mutairi N Z，Al-Sharifi F A，Al-Shammari S B. 2008. Evaluation study of a slaughterhouse
    wastewater treatment plant including contact-assisted activated sludge and DAF. Desalination，
    225（1-3）：167-175.

Amuda O S，Alade A. 2006. Coagulation/flocculation process in the treatment of abattoir wastewater.
    Desalination，196（1）：22-31.

Arnaud T. 2009. Treatment of winery wastewater with an anaerobic rotating biological contactor.
    Water Science & Technology—A Journal of the International Association on Water Pollution
    Research，60（2）：371-379.

Balslevolesen P，Lynggaardjensen A，Nickelsen C. 1990. Pilot-scale experiments on anaerobic
    treatment of wastewater from a fish processing plant. Water Science & Technology—A Journal
    of the International Association on Water Pollution Research，22：463-474.

Barrera M，Mehrvar M，Gilbride K A，et al. 2012. Photolytic treatment of organic constituents and
    bacterial pathogens in secondary effluent of synthetic slaughterhouse wastewater. Chemical
    Engineering Research & Design，90（9）：1335-1350.

Bohdziewicz J，Sroka E. 2005. Treatment of wastewater from the meat industry applying integrated
    membrane systems. Process Biochemistry，40（3-4）：1339-1346.

Bustillolecompte C F，Mehrvar M，Quiñonesbolaños E. 2013. Combined anaerobic-aerobic and
    UV/H_2O_2 processes for the treatment of synthetic slaughterhouse wastewater. Journal of
    Environmental Science & Health Part A Toxic/Hazardous Substances & Environmental Engineering，
    48（9）：1122-1135.

Bustillolecompte C F，Mehrvar M，Quiñonesbolaños E. 2014. Cost-effectiveness analysis of TOC
    removal from slaughterhouse wastewater using combined anaerobic-aerobic and UV/H_2O_2
    processes. Journal of Environmental Management，134（4）：145-152.

Carawan R E，Chambers J V，Zall J V. 1979. Seafood Water and Wastewater Management. Raleigh：
    Orth Carolina Agricultural Extension Services.

Chen J，Zhan P，Koopman B，et al. 2012. Bioaugmentation with Gordonia，strain JW8 in treatment of pulp and paper wastewater. Clean Technologies and Environmental Policy, 14 (5): 899-904.

Chen W, Liu J. 2011. The possibility and applicability of coagulation-MBR hybrid system in reclamation of dairy wastewater. Desalination, 285 (1): 226-231.

Cirik K, Dursun N, Sahinkaya E, et al. 2013. Effect of electron donor source on the treatment of Cr(VI)-containing textile wastewater using sulfate-reducing fluidized bed reactors (FBRs). Bioresource Technology, 133 (2): 414-420.

Coveney M F, Stites D L, Lowe E F, et al. 2002. Nutrient removal from eutrophic lake water by wetland filtration. Ecological Engineering, 19 (2): 141-159.

Daâssi D, Rodríguez-Couto S, Nasri M, et al. 2014. Biodegradation of textile dyes by immobilized laccase from Coriolopsis gallica, into Ca-alginate beads. International Biodeterioration & Biodegradation, 90 (1): 71-78.

David R T, Mark T B. 1998. Wetland networks for storm water management in subtropical urban watersheds. Ecological Engineering, 10 (2): 131-158.

Del Valle J M, Aguilera J M. 1990. Recovery of liquid by-products from fish meal factories: a review. Process Biochemistry, 25: 122-131.

Freitas A C, Ferreira F, Costa A M, et al. 2009. Biological treatment of the effluent from a bleached kraft pulp mill using basidiomycete and zygomycete fungi. Science of the Total Environment, 407 (10): 3282-3289.

Hami M L, Al-Hashimi M A, Al-Doori M M. 2007. Effect of activated carbon on BOD_5 and COD removal in a dissolved air flotation unit treating refinery wastewater. Desalination, 216 (1-3): 116-122.

Huang L P, Jin B, Lant P, et al. 2005. Simultaneous saccharification and fermentation of potato starch wastewater to lactic acid by Rhizopus oryzae, and Rhizopus arrhizus. Biochemical Engineering Journal, 23 (3): 265-276.

Intanoo P, Suttikul T, Leethochawalit M, et al. 2014. Hydrogen production from alcohol wastewater with added fermentation residue by an anaerobic sequencing batch reactor (ASBR) under thermophilic operation. International Journal of Hydrogen Energy, 39 (18): 9611-9620.

Jin B, Leeuwen H J V, Patel B, et al. 1999. Production of fungal protein and glucoamylase by Rhizopus oligosporus, from starch processing wastewater. Process Biochemistry, 34 (1): 59-65.

Kalathil S, Lee J, Cho M H. 2011. Electrochemically active biofilm-mediated synthesis of silver nanoparticles in water. Green Chemistry, 13 (6): 1482-1485.

Koyuncu I, Turan M, Topacik D, et al. 2000. Application of low pressure nanofiltration membranes for the recovery and reuse of dairy industry effluents. Water Science and Technology, 41 (1): 213-221.

Leal M C M R, Freire D M G, Cammarota M C, et al. 2006. Effect of enzymatic hydrolysis on anaerobic treatment of dairy wastewater. Process Biochemistry, 41 (5): 1173-1178.

López-López A, Vallejo-Rodríguez R, Méndez-Romero D C. 2010. Evaluation of a combined anaerobic and aerobic system for the treatment of slaughterhouse wastewater. Environmental Technology, 31 (3): 319-326.

Lucas M S, Peres J A, Amor C, et al. 2012. Tertiary treatment of pulp mill wastewater by solar photo-Fenton. Journal of Hazardous Materials，225-226：173-181.

Najafpour G D，Zinatizadeh A A L，Lee L K. 2006. Performance of a three-stage aerobic RBC reactor in food canning wastewater treatment. Biochemical Engineering Journal，30（3）：297-302.

Nardi I R D，Nery V D，Amorim A K B，et al. 2011. Performances of SBR，chemical-DAF and UV disinfection for poultry slaughterhouse wastewater reclamation. Desalination，269（1-3）：184-189.

NovaTec Consultants Inc and EVS Environmental Consultants. 1994. Wastewater characterization of fish processing plant effluents—A management program：report to water quality/waste management committee.

Orescanin V，Kollar R，Nad K，et al. 2013. Treatment of winery wastewater by electrochemical methods and advanced oxidation processes. Journal of Environmental Science & Health Part A Toxic/Hazardous Substances & Environmental Engineering，48（12）：1543-1547.

Parawira W，Kudita I，Nyandoroh M G，et al. 2005. A study of industrial anaerobic treatment of opaque beer brewery wastewater in a tropical climate using a full-scale UASB reactor seeded with activated sludge. Process Biochemistry，40（2）：593-599.

Pavónsilva T，Pachecosalazar V，Carlos S J，et al. 2009. Physicochemical and biological combined treatment applied to a food industry wastewater for reuse. Journal of Environmental Science & Health Part A Toxic/Hazardous Substances & Environmental Engineering，44（1）：108-115.

Prasertsan P，Jung S，Buckle K A. 1994. Anaerobic filter treatment of fishery wastewater. World Journal of Microbiology and Biotechnology，10（1）：11-13.

Sharma D K，Saini H S，Singh M，et al. 2004. Biodegradation of acid blue-15，a textile dye，by an up-flow immobilized cell bioreactor. Journal of Industrial Microbiology & Biotechnology，31（3）：109-114.

Singh G，Bhalla A，Capalash N，et al. 2010. Characterization of immobilized laccase from γ-proteobacterium JB：Approach towards the development of biosensor for the detection of phenolic compounds. Indian Journal of Science & Technology，3（1）：48-53.

Tariq M，Ahmad M，Siddique S，et al. 2012. Optimization of coagulation process for the treatment of the characterized slaughterhouse wastewater. Pakistan Journal of Scientific & Industrial Research，55：43-48.

Wang J P，Chen Y Z，Wang Y，et al. 2011a. Optimization of the coagulation-flocculation process for pulp mill wastewater treatment using a combination of uniform design and response surface methodology. Water Research，45（17）：5633-5672.

Wang S，Zhang A L，Li X P，et al. 2011b. Study on advanced treatment of pulping and papermaking process effluent by immobilized laccase. Advanced Materials Research，233-235：712-715.

彩　图

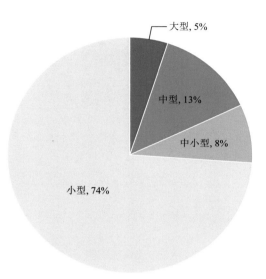

图 4-2　农副产品加工园区企业规模分布图

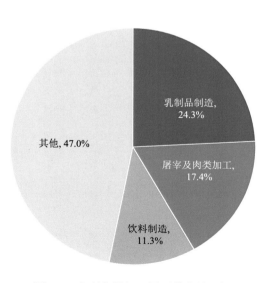

图 4-8　农副产品加工园区排水量分析

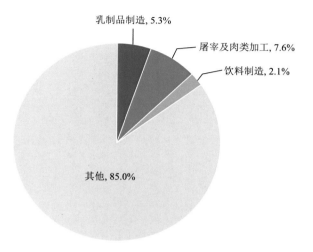

图 4-9　园区 COD 排放量分析

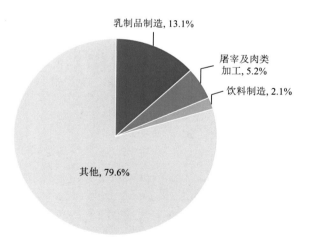

图 4-10　园区 NH_4^+-N 排放量分析

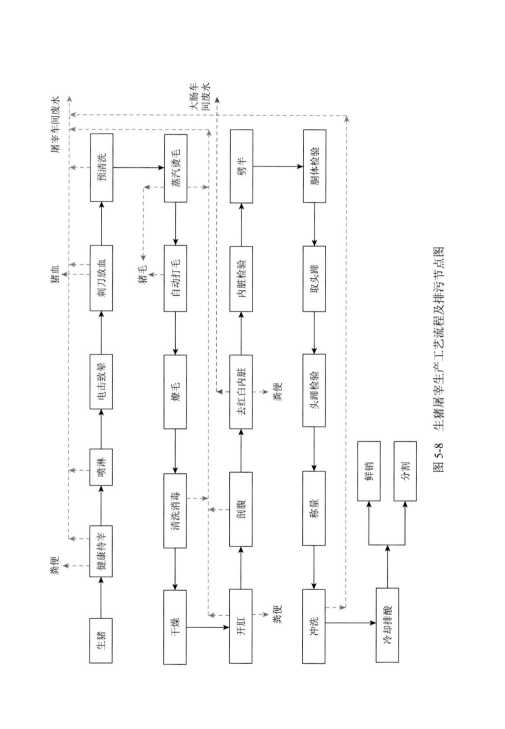

图 5-8　生猪屠宰生产工艺流程及排污节点图

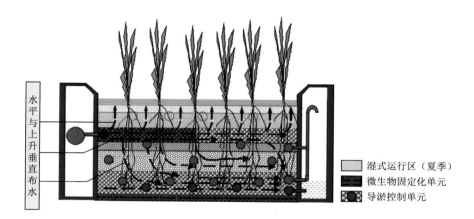

图 6-1　HVCW 结构剖面图

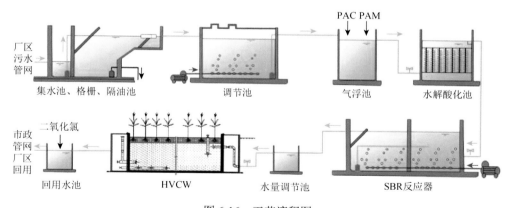

图 6-16　工艺流程图

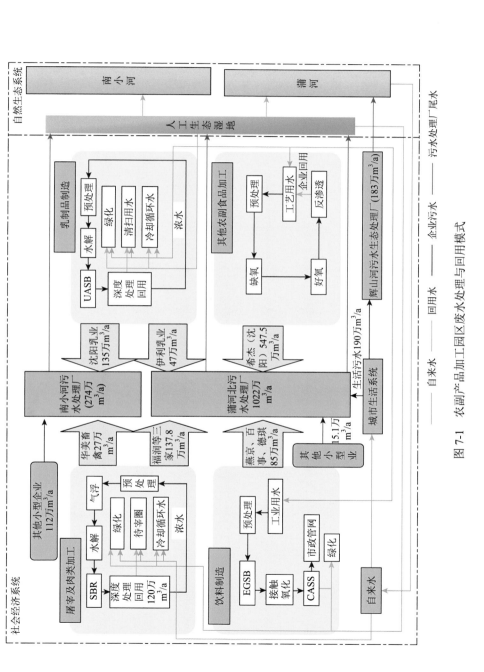

图 7-1　农副产品加工园区废水处理与回用模式